“十四五”高等教育学校教材

高分子材料与工程实验教程

主　编　黄圣梅

副主编　周建萍　胡国锋　赵春辉

哈爾濱工業大學出版社

内 容 简 介

本书以高分子材料与工程专业理论知识为基础，以实验、实践训练为中心，内容设计突出学生中心、产出导向的能力培养。全书主要内容涵盖了高分子材料基础实验和高分子材料综合实验，前者主要包括有机化学、高分子化学、高分子物理、聚合物分析与测试方法、聚合物加工五门课程的基础实验，后者是结合高分子材料的发展开设的特色综合实验，包括功能高分子材料、环保涂料/胶黏剂、高分子寿命评估以及橡塑配方设计等。

本书可作为大学本科四年制高分子材料与工程、复合材料与工程等专业实验教材，亦可作为其他材料类、化学类专业的实验参考教材。

图书在版编目（CIP）数据

高分子材料与工程实验教程 / 黄圣梅主编. — 哈尔滨：哈尔滨工业大学出版社，2024. 11. — ISBN 978-7-5767-1743-3

Ⅰ. TB324.02

中国国家版本馆 CIP 数据核字第 2024AN4005 号

策划编辑　王桂芝
责任编辑　李青晏
出版发行　哈尔滨工业大学出版社
社　　址　哈尔滨市南岗区复华四道街 10 号　邮编 150006
传　　真　0451-86414749
网　　址　http://hitpress.hit.edu.cn
印　　刷　哈尔滨博奇印刷有限公司
开　　本　720 mm×1 000 mm　1/16　印张 14.75　字数 230 千字
版　　次　2024 年 11 月第 1 版　2024 年 11 月第 1 次印刷
书　　号　ISBN 978-7-5767-1743-3
定　　价　42.80 元

前　言

高分子学科的建立始于20世纪20年代，到20世纪50年代逐渐完善，之后高分子材料迎来了迅猛发展阶段，广泛应用于国防、交通、建筑、电子等众多产业领域，成为科学技术、经济建设中不可或缺的重要材料之一。目前，高分子材料形成了包含塑料、橡胶、纤维、聚合物基复合材料、涂料、胶黏剂和功能高分子等众多工业分支的庞大领域，随着我国经济转型和环保意识的提高，对实践能力强和具有创新精神的高分子材料专业人才的需求日益旺盛。

本书是编者所在高校高分子专业在20年来的专业建设与人才培养过程中逐渐形成的，从最初的基础课程实验开始，逐渐引入了高分子材料领域最新科技和产业发展需要的功能高分子材料、环保涂料、高分子寿命评估以及橡塑配方设计等综合性实验项目，后面又结合该校聚合物基复合材料专业特色，引入了与复合材料相关的综合实验项目。

本书共分为7章，第1章为高分子材料的基本性能及其表征方法简介；第2章为有机化学实验，主要包括蒸馏和沸点的测定、重结晶及过滤、苯甲酸的制备以及乙酸乙酯的制备；第3章为高分子化学实验，主要包括本体聚合、悬浮聚合、乳液聚合以及缩合聚合等；第4章为高分子物理实验，主要包括黏度法测定聚合物的相对分子质量，玻璃化转变温度的测定，溶液、结晶形态以及流变性能的研究方法等；第5章为聚合物分析与测试方法实验，主要包括红外光谱、紫外光谱的测绘，热重分析和差示扫描量热分析等；第6章为聚合物加工工程实验，主要包括塑料的挤出成型、注塑成型、浇铸成型及性能测试实验、橡胶的成型及性能测试、复合材料的手糊成型等；第7章为高分子材料综合实验，主要包括塑料的共混改性实验设计、环保胶黏剂制备、刺激响应性聚合物的合成及表面浸润性研究、热塑性塑料薄膜的表面处理及其表面性能的表征、水性涂料的研制、复合材料的制备及光固化修补、特种橡胶的硫化成型及其耐高温特性实验等。

本书由南昌航空大学黄圣梅担任主编，周建萍、胡国锋、赵春辉为副主编，肖慧萍、徐海涛、邢跃鹏、李文博、刘威和薛振銮参与编写。具体分工如下：第 1 章由黄圣梅老师编写，第 2 章由周建萍老师、赵春辉老师编写，第 3 章由肖慧萍老师、徐海涛老师编写，第 4 章由黄圣梅老师、胡国锋老师编写，第 5 章由邢跃鹏老师、薛振銮老师编写，第 6 章由李文博老师、刘威老师编写，第 7 章由黄圣梅老师、胡国锋老师编写。本书在编写过程中参阅了很多相关专业资料，本书的出版还获得了南昌航空大学教材建设基金的资助，编者在此一并表示感谢。

由于编者水平有限，书中疏漏之处在所难免，热切希望专家和读者批评指正，以便我们进行修改、补充和不断完善。

编　者

2024 年 8 月

于南昌航空大学

目　　录

第 1 章　高分子材料的基本性能及其表征方法简介……1

1.1　高分子材料的力学性能……1
1.2　高分子材料的热性能……3
1.3　高分子材料的电学性能……6
1.4　高分子材料的光学性能……8
1.5　高分子材料的磁性能……11
1.6　高分子材料的稳定性……13
1.7　涂料性能及其检测……14

第 2 章　有机化学实验……28

2.1　蒸馏和沸点的测定……28
2.2　重结晶及过滤……33
2.3　苯甲酸的制备……35
2.4　乙酸乙酯的制备……38

第 3 章　高分子化学实验……41

3.1　甲基丙烯酸甲酯本体聚合……41
3.2　苯乙烯悬浮聚合……43
3.3　苯乙烯乳液聚合……46
3.4　丙烯酸酯的无皂乳液聚合……49
3.5　丙烯酰胺溶液聚合……53

3.6 酚醛树脂的缩聚 …… 55
3.7 双酚 A 型低分子量环氧树脂的制备 …… 56
3.8 膨胀计法测定苯乙烯自由基聚合反应速率 …… 59
3.9 复合材料飞机垂尾热压罐成型虚拟仿真 …… 65
3.10 石墨烯/高分子光电材料的无人机电池制备虚拟仿真 …… 74

第 4 章 高分子物理实验 …… 80

4.1 黏度法测定聚合物的相对分子质量 …… 80
4.2 聚合物流变性能的测定 …… 86
4.3 热台偏光法研究聚丙烯结晶行为 …… 91
4.4 聚合物溶液的流动行为研究 …… 96
4.5 膨胀计法测定聚合物的玻璃化转变温度 …… 100
4.6 应力-应变曲线实验 …… 103
4.7 聚合物材料的维卡软化点的测定 …… 108
4.8 聚合物熔体流动速率测定与流变特性分析 …… 114

第 5 章 聚合物分析与测试方法实验 …… 122

5.1 聚乙烯、聚氯乙烯、聚苯乙烯和丙烯酸丁酯的红外光谱的测绘 …… 122
5.2 苯乙烯、聚苯乙烯、苯和苯酚的紫外光谱的测绘 …… 124
5.3 聚乙烯热重分析 …… 127
5.4 聚对苯二甲酸乙二醇酯差示扫描量热分析 …… 132

第 6 章 聚合物加工工程实验 …… 136

6.1 软/硬质聚氯乙烯的成型及撕裂强度测试 …… 136
6.2 热塑性塑料的注塑成型和性能测试实验 …… 145
6.3 LDPE 再生料的挤出造粒 …… 154
6.4 天然橡胶和杜仲胶的共混、模压和硫化 …… 158
6.5 不饱和聚酯树脂的配制和浇铸成型 …… 163

6.6　玻璃纤维增强不饱和聚酯复合材料的手糊成型 …… 166

第7章　高分子材料综合实验 …… 170

7.1　塑料配方设计及性能表征 …… 170
7.2　环保胶黏剂制备及性能研究 …… 174
7.3　刺激响应性聚合物的合成及表面浸润性研究 …… 177
7.4　低温等离子体处理热塑性塑料薄膜及其表面性能的表征 …… 181
7.5　水性环氧树脂涂料的研制 …… 186
7.6　水性光固化涂料的研制 …… 190
7.7　玻璃纤维增强热固性树脂复合材料的制备及光固化修补 …… 193
7.8　特种橡胶的硫化成型及其耐高温特性实验 …… 196
7.9　纳米颗粒增强聚乙烯醇水凝胶的制备及其自修复行为研究 …… 201

附录　有关国家标准号与名称 …… 205

附录1　实验要求 …… 205
附录2　实验室安全守则 …… 205
附录3　常用溶剂的沸点、溶解性和毒性 …… 207
附录4　常见高分子及其英文缩写 …… 213
附录5　常见聚合物及溶剂溶度参数 …… 219
附录6　常见高聚物的熔点与玻璃化转变温度 …… 221
附录7　常用引发剂的精制 …… 223

参考文献 …… 225

第1章　高分子材料的基本性能及其表征方法简介

高分子材料通常分为塑料、橡胶、纤维、复合材料、胶黏剂和涂料等。随着现代基础理论和实验方法的迅猛发展，高分子材料的合成工艺不断推陈出新，应用范围不断扩大。对于高分子材料专业的学生，不仅需要掌握产品的配方和合成工艺，还需了解产品的性能是否符合自己的要求以及如何选择实用的高分子材料。因此，了解高分子材料基本的理化性能、加工性能和使用特性是十分必要的。准确地对高分子材料进行性能测试和分析，是评价和应用各种新型高分子材料的前提条件，同样对研究新型高分子材料的组成与结构特点等也有着重要意义。

1.1　高分子材料的力学性能

力学性能是高分子材料在作为材料使用时需要考虑的最主要性能之一。它牵涉到高分子材料的材料设计、产品设计和使用条件。因此了解高分子材料的力学性能数据，是我们掌握和应用高分子材料的前提。

高分子材料的力学性能数据主要包括模量（E）、强度（σ）、极限形变（ε）及疲劳性能（包括疲劳极限和疲劳寿命）。由于高分子材料在应用中的受力方式不同，高分子材料的力学性能表征又提出了拉伸（张力）、压缩、弯曲、剪切、冲击、硬度、摩擦损耗等表征方法，以及相应的各种模量、强度、形变等可以代表高分子材料受力不同的各种数据。由于高分子材料类型的不同，实际应用及受力情况有很大的差异，因此不同类型的高分子材料又有各自的特殊表征方法，例如纤维、橡胶的力学性能表征。

高分子材料力学性能方面的表征方法及原理简述如下：

1. 拉伸性能的表征

拉伸性能的测试在万能材料实验机上进行，实验时采用特定的样品夹具，在恒定的温度、湿度和拉伸速度下，对按一定标准制备的高分子材料试样进行拉伸，直至试样被拉断。仪器可自动记录不同拉伸时间下被测样品的形变值和对应此形变值样品所受到的拉力（张力）值，同时自动画出应力-应变曲线。根据此应力-应变曲线，可确定样品的屈服点及相应的屈服应力值、断裂点及相应的断裂应力值，以及样品的断裂伸长值。将屈服应力、断裂应力分别除以样品断裂处的初始面积，即可得到该高分子材料的屈服强度σ_s值和拉伸强度（抗张强度）σ_b值。而样品断裂伸长值除以样品原长度，即为高分子材料的断裂伸长率ε。此外，在应力-应变曲线中，对应小形变的曲线（即曲线中直线部分）的斜率，即是高分子材料的拉伸模量（也称抗张模量）E 值。高分子材料试样拉伸断裂时，试样断面单维尺寸（厚或宽的尺寸）的变化值除以试样的断裂伸长率ε值，即为高分子材料样品的"泊松比"μ的数值。

2. 压缩性能、弯曲性能、剪切性能的测试与表征

在万能材料实验机上，分别采用压缩实验、弯曲实验和剪切实验的样品夹具，在恒定的温度、湿度及应变速度下进行不同方式的力学实验，并根据各自对应的计算公式，可得到样品材料的压缩模量、压缩强度、弯曲模量、弯曲强度、剪切模量、剪切强度等数据。

3. 冲击性能的表征

冲击性能的表征一般采用摆锤式冲击实验机。先制备出符合标准要求的样品，然后在恒定温度、湿度下，用摆锤迅速冲击被测试样，根据摆锤的质量和刚好使试样产生裂痕或破坏时的临界下落高度及被测样品的截面积，按下面的公式计算高分子材料试样的冲击强度（或冲击韧性，单位为 J/cm^2）：

$$冲击强度 = A/bd \ (kg\cdot cm/cm^2)$$

式中，A 为冲断试样所消耗的功（kg·cm）；b 为试样宽度（cm）；d 为试样的厚度（cm），如果采用带缺口的试样，d 为缺口处的剩余厚度。

4. 高分子材料单分子链的力学性能的表征

高分子材料单分子链的力学性能的表征采用原子力显微镜（AFM）。将高分子材料样品配成稀溶液，铺展在干净玻璃片上，除去溶剂后得到一吸附在玻璃片上的高分子材料薄膜（厚度约 90 mm）。用原子力显微镜针尖接触、扫描样品膜，由于针尖与样品中高分子的相互作用，高分子链将被拉起，记录单个高分子链被拉伸时拉力的变化，直至拉力突然降至零。可得到若干高分子链被拉伸时的拉伸力和拉伸长度曲线，由此曲线可估算单个高分子链的长度和单个高分子从凝聚态中被拉出时的“抗张强度”。

1.2　高分子材料的热性能

热性能是高分子材料的重要性质之一。高分子材料的热性能是高分子材料与热或温度相关的性能总和，它包括诸多方面，例如各种力学性能的温度效应、玻璃化转变、黏流转变、熔融转变以及热稳定性、热膨胀和热传导等。热分析技术在定性、定量表征材料的热性能方面有着广泛的应用。热分析技术主要包括：热重分析法（TG）、差热分析法（DTA）、差示扫描量热法（DSC）、热机械分析法（TMA）、动态热机械分析法（DMA）等。

1. 热重分析法（TG）

热重分析法是在程序控温下，测量物质的质量与温度的关系，通常可分为非等温热重法和等温热重法，它具有操作简便、准确度高、灵敏快速以及试样微量化等优点。用来进行热重分析的仪器一般称为热天平，其测量原理是：在给被测物加温过程中，由于物质的物理或化学特性改变，引起质量的变化，通过记录质量变化时程序测出的曲线，分析引起物质特性改变的温度点，以及被测物在物理特性改变过程中吸收或者放出的能量，来研究物质的热特性。

热重分析主要研究材料在惰性气体/空气/氧气中的热稳定性、热分解作用和氧化降解等化学变化；还广泛用于研究涉及质量变化的所有物理过程，如测定水分、挥发物和残渣，吸附、吸收和解吸，气化速度和气化热，升华速度和升华热，有填料的聚合物或共混物的组成等。

例如，热重分析法可以准确地分析出高分子材料中填料的含量。根据填料的物理化学特性，可以判断出部分填料的种类。一般情况下，高分子材料在 500 ℃左右基本全部分解，因此对于 600～800 ℃之间的失重，可以判断为碳酸盐的分解，失重量为放出的二氧化碳量，并可以计算出碳酸盐的含量。剩余量即为热稳定填料的含量，如：玻纤、钛白粉、锌钡白等的含量。然而，热重分析只能得出热稳定填料的含量，不能分析出热稳定填料的种类，将热重分析残渣进行红外分析，便可判断出热稳定填料的种类。

2. 差热分析法（DTA）

差热分析法是应用最广泛的一种热分析技术，它是在程序控制温度下，建立被测量物质和参比物的温度差与温度关系的技术。差热分析法的测量原理是将被测样品与参考样品同时放在相同的环境中同时升温，其中参考样品往往选择热稳定性很好的物质，在两种样品同时升温过程中，由于被测样品受热发生特性改变，产生吸热、放热反应，引起自身温度变化，因此被测样品和参考样品的温度产生差异。用计算机软件描图的方法记录升温过程和升温过程中温度差的变化曲线，最后获取温度差出现时刻对应的温度值（引起样品产生温度差的温度点），以及整个温度变化完成后的曲线面积，得到在该次温度控制过程中被测样品的物理特性变化过程及能量变化过程。

差热分析可以用于材料的玻璃化转变温度、熔融及结晶效应、降解等方面的研究，它可以在高温高压下测量高分子材料的性能，因此得到了广泛的应用。但是 DTA 也具有一定的局限性，它无法提供试样吸热、放热过程中热量的具体数值，所以 DTA 无法进行定量热分析和动力学研究。

3. 差示扫描量热法（DSC）

DSC 的技术方法是按照程序改变温度，使试样与标样之间的温度差为零，测量两者单位时间的热能输入差。运用 DSC 技术可以测量玻璃化转变温度、熔解、晶化、固化反应、比热容和热履历等项目。试样的用量非常少，数毫克即可。另外，最近有一种最新的高分子测量方法称为动态 DSC（也称温度调制 DSC），引起了人们的关注。

DSC 热差曲线在外观上与 DTA 几乎完全相同，只是曲线上离开基线的位移代表吸热或放热的速度，而峰或谷的面积代表转变时所产生的热量变化。DSC 中的试样任何时候均处于温度程序控制之下，因此，在 DSC 中进行的转变或反应，其温度条件是严格的，进行定量的动力学处理时在理论上没有缺陷。

玻璃化转变是高聚物的一种普遍现象。在高聚物发生玻璃化转变时，许多物理性能发生了急剧变化，如比热容、弹性模量、热膨胀、介电常数等。采用 DSC 测定玻璃化转变温度（T_g）就是基于高聚物在 T_g 转变时比热容增加这一性质进行的。在温度通过玻璃化转变区间时，随温度的变化，高聚物比热容有突变，在 DSC 曲线上表现为基线向吸热方向的突变，由此确定 T_g。

4. 热机械分析法（TMA）和动态热机械分析法（DMA）

热机械分析法（TMA）是测量物质的变形量（尺寸变化）的方法。测量时按一定的程序改变试样的形态，如加载压缩、拉伸、弯曲等非振动性的负荷，以测量物质的变形量。加一个周期变化的应变量或应力，测量由此引起的应力或应变，以测量试样的力学性能，这就是动态热机械分析法（DMA）。

TMA 对研究和测量材料的应用范围、加工条件、力学性能等都具有十分重要的意义，可用它来研究高分子材料的热机械性能、玻璃化转变温度 T_g、流动温度 T_f、软化点、弹性模量、应力松弛、线性膨胀系数等。

DMA 使高分子材料的力学行为与温度和作用的频率联系起来，可提供高分子材料的模量、黏度、阻尼特性、固化速率与固化程度、主级转变与次级转变、凝胶化与玻璃化等信息。这些信息又可用来研究高分子材料的加工特性、共混高聚物的相容性；预估材料在使用中的承载能力、减振、吸声效果、冲击特性、耐热性、耐寒性等。DMA 已被用来研究各种高分子共混物、嵌段共聚物和共聚反应等。

DMA 还可以用于高分子共混材料相容性的表征。聚合物共混是获得综合性能优异的高分子材料的卓有成效的途径，且共混物的动态力学性能主要由参与共混的两种聚合物的相容性决定。如果完全相容，则共混物的性质和具有相同组成的无规共聚物几乎相同；如果不相容，则共混物将形成两相，用 DMA 测出的动态模量-温度曲线将出现两个台阶，损耗温度曲线出现两个损耗峰，每个峰均对应其中一种组分的玻璃化转变温度，且从峰的强度还可判断出共混物中相应组分的含量。

1.3　高分子材料的电学性能

高分子材料的电学性能是指在外加电场作用下材料所表现出来的介电性能、导电性能、电击穿性质以及与其他材料接触、摩擦时所引起的表面静电性质等。对于某些功能高分子材料，压电和热电性、光导电性、电致发光性和电致变色性等也属于其电学性能范畴。电学性能是材料最基本的属性之一，这是因为构成材料的原子和分子都是由电子的相互作用形成的，电子相互作用是材料各种性能的根源。

1. 介电性能

聚合物在外电场作用下储存和损耗电能的性质称介电性能，这是由于聚合物分子在电场作用下发生极化引起的，通常用介电常数ε和介电损耗 $\tan\delta$表示。

聚合物的介电性质研究的主要内容之一就是研究它的介电常数、介电损耗与温度、频率、电场强度等的相互关系。通过这些关系，可以获得材料内部结构与其性能之间的相关性，为开发研究具有特定性能的新型介电材料和更合理、更充分利用现有材料提供理论基础。获得聚合物介电常数和介电损耗参数是上述研究内容的实践基础，具有举足轻重的地位。因此，聚合物介电性能测量主要是指其介电常数ε和介电损耗 $\tan\delta$的测量。

2. 导电性能

聚合物的导电性能与其化学组成、分子结构、组织成分等密切相关；研究聚合物的导电性能不仅可以将其作为导电和绝缘材料应用的理论基础，还可以通过导电性能研究聚合物材料的相关结构。

聚合物的导电性能表征中，有时需要表征聚合物表面和体内不同的导电性，常用表面电阻率和体积电阻率表示。表面电阻率是指沿试样表面电流方向的直流场强与该处单位长度的表面电流之比；体积电阻率是指体积电流方向的直流场强与该处体积电流密度之比。

在材料两端施加电压 V 后产生的电流一般可以分成两个部分，其中在材料内部通过的称为体积电流 I_v，在材料表面流过的电流称为表面电流 I_s。电压除以体积电流得到的电阻值则称为体积电阻 R_v。电压除以表面电流得到的电阻值则称为表面电阻 R_s。体积电阻和表面电阻为并联关系：

$$\frac{1}{R}=\frac{1}{R_v}+\frac{1}{R_s}$$

式中，R 为材料测量当中的总电阻。

体积电阻 R_v 与材料的性质和尺寸有关，可以表示为

$$R_v=\rho_v\times\frac{l}{S}$$

式中，l 和 S 分别为被测样品的长度和面积；ρ_v 则为材料的体积电阻率，单位为Ω·cm。体积电阻率是描述材料电阻特性的主要参数，仅与材料的属性有关。

材料的表面电阻通常用两个电极的长边（与被测材料表面接触）作为 B，两个电极之间的距离（样品的测量长度）作为 l，并施加测量电压 V 进行测试。材料的表面电阻率可以表示如下：

$$R_s=\rho_s\times\frac{l}{B}$$

式中，ρ_s 为表面电阻率，单位为Ω。

材料的电性能通常可以采用PC-68型高阻计测量，根据上述公式计算出ρ_s和ρ_v。

3. 电击穿性能

在强电场下，随着电场强度进一步升高，电流-电压间的关系已不再符合欧姆定律，$\frac{dU}{dI}$逐渐减小，电流比电压增大得更快，当达到$\frac{dU}{dI}=0$时，即使维持电压不变，电流仍继续增大，材料突然从介电状态变为导电状态。在高压下，大量电能迅速释放，使电极之间的材料局部被烧毁，这种现象被称为介电击穿。$\frac{dU}{dI}=0$处的电压U_b称为击穿电压。击穿电压是介质可承受电压的极限。

介电强度的定义是击穿电压与绝缘体厚度h的比值，即材料能长期承受的最大场强：

$$E_b=\frac{U_b}{h}$$

式中，E_b为介电强度，或称为击穿强度，单位为MV/m。

材料的电击穿性能可以采用破坏性实验（击穿实验）和非破坏性实验（耐压实验）进行表征。

4. 静电性能

任何两个固体，不论其化学组分是否相同，只要其物理状态不同，其内部结构中电荷载体的能量分布就不同。当这两个固体相互接触或摩擦时，其表面就会发生电荷再分配，重新分离之后，每一种物质都将带有比其接触前或摩擦前过量的正（负）电荷，这种现象称为静电现象。

1.4 高分子材料的光学性能

高聚物的重要而实用的光学性能有吸收、透明度、折射、双折射、反射、内反射、散射等。它们是高聚物与入射光的电磁场相互作用的结果。

研究高聚物光学性能的意义有：①高聚物光学材料具有透明、不易破碎、加工成型简便和价廉等优点，可制作镜片、导光管和导光纤维等；②可以利用光学性能的测定来研究高聚物的结构，如聚合物种类、分子取向、结晶等；③利用具有双折射现象的高聚物作为光弹性材料，可以进行应力分析；④利用界面散射现象可以制备出彩色高聚物薄膜等。

1. 透明度

当光线垂直地射向非晶态高聚物时，除了一小部分在高聚物-空气的界面反射外，大部分光线进入高聚物，当其内部有疵痕、裂纹、杂质或少量结晶时，这些不均匀物会使光线产生不同程度的反射或散射，产生光雾，从而减少光的透过量，使透明度降低。透明度是指前向透过的光强与入射光强之比，通常用分光光度计或积分球式光度计来测量。

透光率和雾度是透明材料两项十分重要的指标，如航空有机玻璃要求透光率大于 90%，雾度小于 2%。一般来说，透光率高的材料，雾度值低，反之亦然，但不完全如此。有些材料透光率高，雾度值却很大，如毛玻璃。所以透光率与雾度是两个独立的指标。

透光率是以透过材料的光通量与入射的光通量之比的百分数表示，通常是标准“C”光源一束平行光垂直照射薄膜、片状、板状透明或半透明材料，透过材料的光通量 T_2 与照射到透明材料入射光通量 T_1 之比的百分率，即

$$T_t = \frac{T_2}{T_1} \times 100\%$$

雾度又称浊度，是材料内部或表面由于光散射造成的云雾状或混浊的外观，以散射光通量与透过材料的光通量之比的百分率表示。它是通过测量无试样时入射光通量 T_1 与仪器造成的散光通量 T_3，有试样时通过试样的光通量 T_2 与散射光通量 T_4 来计算雾度值，即

$$H = \left(\frac{T_4}{T_2} - \frac{T_3}{T_1} \right) \times 100\%$$

测试中，T_1、T_2、T_3、T_4都是测量相对值，无入射时，接收光通量为 0；当无试样时，入射光全部透过，接收的光通量为 100，即为 T_1；此时再用光陷阱将平行光吸收掉，接收到的光通量为仪器的散射光通量 T_3；若放置试样，仪器接收透过的光通量之和 T_4。因此根据 T_1、T_2、T_3、T_4的值可计算透光率和雾度值。

2. 折射和双折射

当光从一种介质进入另一种介质时，由于两种介质中的传播速度不同，就会产生折射现象。按照洛伦茨-洛伦兹关系式，一种材料的折射率 n 与物质的单位体积的分子极化度有关。分子极化度又是各单个基团极化度 a 的总和，a 和 n 都随分子中电子的数目及其活动性的增加而增加。高聚物分子的极化度等于其所含各键极化度之和。在高聚物中，碳原子的极化度比氢原子的大得多，因此大多数碳-碳链组成的高聚物的折射率都在 1.5 左右，只有含有易诱导极化的基团的高聚物（如含咔唑基的聚乙烯咔唑）才具有很高的折射率，约为 1.7；而含有不易诱导极化的基团的高聚物则具有较低的折射率，如含氟的氟橡胶的折射率约为 1.3。

非晶高聚物的分子链是无规线团，其所含各键的排列在各方向上的数量都一样，所以折射是各向同性的。非晶高聚物经取向制成的取向高聚物的分子内键的排列在各个方向上的数量不同，光线经过这种物质时会变成传播方向和振动相位不同的两束折射光，称为双折射现象。

在结构设计中，光弹性仪是对结构材料进行应力分析的有力工具，它是利用双折射现象和光的干涉原理制成的。这种应力分析方法一般采用环氧树脂的透明浇铸块做结构件的力学模型（各向同性的）。当在模型上加以预定的负荷后，环氧树脂的分子链在应力作用下发生取向，变成各向异性物质而产生双折射现象，在光弹性仪上用偏振光照射并照相记录，则得到可供应力分析使用的光弹性照片。

3. 反射和内反射

射在透明物体上的光除被折射外，尚有一部分被反射。反射率与入射角有关，一般，入射角小时反射率不高，当入射角相当大时，反射率就会很快增加，当

$\sin\alpha_i \geqslant 1/n$ 时（式中 α_i 为光从高聚物射入空气的入射角；n 为高聚物相对于空气的折射率）就会发生内反射，即光线不能射入空气中而全部被折回高聚物内。大多数高聚物的折射率约为 1.5，故 $\alpha_i = 42°$。利用光在高聚物中能发生全内反射的原理所制成的一种导管称为导光管，在医疗上可用它来观察内脏。以聚甲基丙烯酸甲酯为内芯，外层包以一层含氟高聚物，可以制成一种传输普通光线的导光管。如果用高纯的钠玻璃制成内芯，外层包以氟橡胶，可以制成能通过紫外线的导光管。

4. 散射

当入射光通过物体，特别是通过非均质物体（如悬浮在透明流体中的微粒、悬浮在溶液中的高分子、高聚物中含有的杂质或缺陷）时，就会向各个方向发射，称为光的散射。利用光散射测定仪可以测定高聚物的分子量。

当物体中存在宏观上的多相，而且各折射率有差异或物体结构中各向异性体积单元的取向不同时，都会使物体的透明度有不同程度的降低，直到完全不透明。

在多相高聚物中，如要使两种不同成分的聚合物成为透明度高的物质，则这两种成分的折射率要相同或差异很小。缩小结构体积的尺寸，对增加高聚物的透明度更为重要。例如聚乙烯是结晶体，其超分子结构的尺寸大于入射光的波长，光大部分被散射掉，而聚乙烯薄膜是在一定条件下经拉伸和取向制成的，其超分子结构尺寸小，光的散射就小，是一种较透明的薄膜。

1.5　高分子材料的磁性能

早期的磁性材料来源于天然磁石，之后才利用磁铁矿（铁氧体）烧结或铸造成磁性体。现在工业上常用的磁性材料主要有三大类：氧化体磁铁、稀土类磁铁和铝镍钴合金磁铁。由于它们具有硬而脆、加工性差的缺点，无法制成复杂、精细的形状，因而在工业应用中具有很大的局限性。为了克服这些缺陷，将磁粉混炼于塑料或橡胶中，获得的磁性高分子材料具有相对密度小，易加工成尺寸精度高和复杂形状的制品等优点，因而受到人们的关注。在现代科技迅猛发展过程中，特别是在电子技术方面，磁性材料得到广泛的应用。研究物质的磁性，开发新型磁性材料，具有十分重要的意义。

磁性高分子材料主要分为结构型和复合型两大类。结构型磁性高分子材料是指本身具有强磁性的高分子材料，如聚双炔和聚炔类聚合物，含氮基团取代苯衍生物，聚丙烯热解产物等。复合型磁性高分子材料是由高分子材料与磁性材料按不同方法复合而成的一类复合材料，可分为黏接磁铁、磁性高分子微球、磁性离子、交换树脂等不同类别，从复合材料概念出发，通称为磁性树脂基复合材料。

磁性材料常用磁滞回线来描述，其相关物理量分别是：

1. 饱和磁感应强度 *B*

饱和磁感应强度 B 的大小取决于材料的成分，它所对应的物理状态是材料内部磁化矢量的整齐排列。

2. 矫顽力 *H*

矫顽力是表示材料磁化难易程度的量，该数值取决于材料的成分及缺陷（杂质、应力等）。

3. 居里温度

铁磁物质的磁化强度随温度的升高而下降，当达到某一温度时，自发磁化消失，转变为顺磁性，该临界温度为居里温度，它确定了磁性器件的工作温度上限。

4. 剩余磁感应强度

剩余磁感应强度是磁滞回线上的特征参数，为 H 回到 0 的 B 的值。

5. 磁导率

磁导率是磁滞回线上任何点所对应的 B 与 H 的比值，该数值与器件工作状态密切相关，初始磁导率是磁化曲线在原点的斜率，最大磁导率是磁化曲线切线斜率的最大值，即最陡峭的部分。

1.6　高分子材料的稳定性

高分子材料因具有很多优异的特性而被广泛应用于国民经济及国防工业多个领域。然而，在长时间的光、热等条件下，这些材料也存在着降解问题，这就是高分子材料的稳定性。聚合物降解是指聚合物主链断裂，或主链保持不变而改变了取代基的过程。聚合物降解主要取决于聚合物本身的化学结构（尤其是化学键键能）。外界因素如应力、温度、含氧量、残余杂质等都对聚合物降解有很大影响。

1. 聚合物的机械稳定性

机械降解是指聚合物分子受到的拉伸应力超过了聚合物分子内化学键所承受的能力时，聚合物分子链断裂的现象。在常用的聚合物中，部分水解的聚丙烯酰胺（HPAM）的机械稳定性较差，而黄胞胶却具有较好的抗剪切性。

2. 聚合物的生物稳定性

生物降解是聚合物驱中的一个主要问题。部分水解聚丙烯酰胺和聚合物都有可能存在生物降解问题，但聚合物的生物降解问题更为严重。如果聚合物在地面被生物降解，可能导致聚合物的注入问题。因为微生物会堵塞地层，影响注入能力；如果聚合物在地层被微生物降解，可能导致聚合物溶液的黏度损失，甚至丧失流动控制能力。因此，了解聚合物的生物降解特性，及时采用相应对策，对于提高聚合物驱效果十分必要。

3. 聚合物的化学稳定性

化学降解是指在化学因素（氧、金属离子等）作用下，发生氧化还原反应或水解反应，使分子链断裂或改变聚合物结构，导致聚合物相对分子质量降低和其溶液黏度损失的一个过程。由于化学反应速率与温度紧密相关，因此又有热氧化学降解之称。

4. 聚合物的热稳定性

热稳定聚合物指在较高使用温度下也不发生热分解反应的一类聚合物。提高聚合物热稳定性的有效途径有：尽量提高分子链中键的强度，避免弱键的存在；主链中引入较多芳杂环，减少亚甲基结构；合成梯形、螺形、片状结构的聚合物；加入热稳定剂等。

1.7 涂料性能及其检测

涂料是高分子材料的一个重要分支，在实际应用中可以起到美观、保护、功能化等一种或多种作用，因而在国防、汽车、电子、建筑等众多领域有非常广泛的应用。

涂料性能主要包括涂料自身性状、涂装性能以及涂膜性能。

1.7.1 涂料自身性状及其检验

1. 固体份

参照国家标准《色漆、清漆和塑料　不挥发物含量的测定》(GB/T 1725—2007)。

仪器设备：瓷坩埚(25 mL)、玻璃干燥器(内放变色硅胶)、温度计(0～300 ℃)、天平（感量为 0.01 g)、鼓风恒温烘箱。

测定方法：称取 2～4 g 涂料，精确至 0.01 g，然后置于已升温至规定温度的鼓风恒温烘箱内焙烘一定的时间后，取出放入干燥器中冷却至室温后，称重，再放入烘箱内按规定温度焙烘规定时间后，于干燥器中冷却至室温后，称重（同时取样两组以上)。最后按照下式计算固体份：

$$固体份=\frac{焙烘后的样重}{取样质量}\times100\%$$

2. 黏度（涂-4 杯）

参照国家标准《涂料粘度测定法》(GB/T 1723—1993)。

仪器设备：涂-4 黏度计、温度计、秒表、玻璃棒。

测定方法：测定前须用纱布蘸溶剂将黏度计内部擦拭干净，在空气中干燥或用冷风吹干，注意漏嘴应清洁通畅。清洁处理后，调整水平螺钉，使黏度计处于水平位置，在黏度漏嘴下面放置 150 mL 盛器，用手堵住漏嘴孔，将试样倒满黏度计，用玻璃棒将气泡和多余的试样刮入凹槽，然后松开手指，使试样流出，同时立即开动秒表，当试样流丝中断时止，停止秒表读数（秒），即为试样的条件黏度。两次测定值之差不应大于平均值的 3%。测定时试样温度为（25±1）℃。

涂-4 黏度计的校正：用纯水在（25±1）℃条件下，按上述方法测定为（11.5±0.5）s，如不在此范围内，则黏度计应更换。

3. 细度（μm）

参照国家标准《色漆、清漆和印刷油墨　研磨细度的测定》（GB/T 1724—2019）。

仪器：刮板细度计。

测定方法：细度在 30 μm 及 30 μm 以下的，用量程为 50 μm 的刮板细度计，30～70 μm 时用量程为 100 μm 的刮板细度计。刮板细度计使用前必须用溶剂仔细洗净擦干。

将试样充分搅匀后，在细度计上方部分，滴入试样数滴。双手持刮刀，横置在磨光平板上端（在试样边缘外），使刮刀与表面垂直接触，在 3 s 内，将刮刀由沟槽深部向浅的部位（向下）拉过，使漆样充满板面，不留有余漆。刮刀拉过后，立即（不超过 5 s）使视线与沟槽平面成 15°～30° 角观察沟槽中颗粒均匀显露处，记下读数；如有个别颗粒显露在刻度线时，不超过三个颗粒时可不计。平行实验三次，结果取两次相近读数的算术平均值。

4. 储存稳定性

参照国家标准《涂料贮存稳定性试验方法》（GB/T 6753.3—1986）。

涂料产品一般在购进入库之前应对其进行相应的检查和验收，以避免在涂装过程中可能产生的质量事故，造成生产延误和一系列的经济损失。

一般涂料产品的储存期为 6～12 个月，由于颜料密度较大，存放过程中难免会发生沉降，此时特别需要检查沉降结块程度。一般可用刮刀来检查，若沉降层较软，刮刀容易插入，则沉降层容易被搅起重新分散开来，待检查其他性能合格后，涂料可以继续使用。

检测时可通过目测观察涂料有无分层、发浑、变稠、胶化、返粗及严重沉降现象。对于存放时间较长或已达到或超过储存期的涂料，也应做相应检查。

涂料的沉降结块性也是评价涂料储存稳定性的指标，可用测力仪（图 1.1）来测定沉降程度。

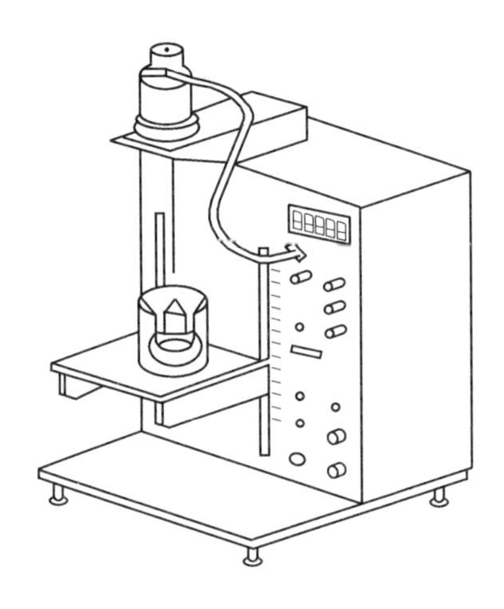

图 1.1　测力仪

实验时试样罐放在测力仪平台上，平台以 15 mm/min 速度向上缓慢移动，仪器探头逐渐压入沉淀物中，记录仪就记录下探头在插入沉淀物时的阻力和深度，以此判断沉淀物的软硬。根据测得探头穿透力的大小，可确定沉淀物被重新搅起分散的能力，对应关系见表 1.1。此测力仪也可以用来测定在一定时间内的沉降量，由记录仪记录下沉积量与时间的关系。

表 1.1　涂料沉淀物特性参数

穿透力/N	沉淀物特性
<1	很软，易重新分散
1～2	软，分散性好
2～4	较硬，可以再分散
4～6	硬，再分散困难
>6	很硬，不能再分散

1.7.2　涂料涂装性能及其检测

一般涂膜的制备：国家标准《漆膜一般制备法》（GB/T 1727—2021）中列出了刷涂法、喷涂法、浸涂法和刮涂法等几种常用的涂膜制备方法。但在制备时需要依赖操作人员的技术熟练程度，涂膜的均匀性较难保证。因而当前普遍推行采用仪器制备涂膜，方法主要有旋转涂漆法和刮涂器法。涂料在涂膜完成后，通常需要考察下面几种性能。

1. 干燥性

涂料由液态涂膜转变为固态涂膜的过程称为干燥。涂料干燥程度分为表面干燥和实际干燥两个阶段。涂料干燥程度按国标《漆膜、腻子膜干燥时间测定法》（GB/T 1728—2020）测定。

（1）表面干燥时间测定。

①吹棉球法。在漆膜表面轻轻放一个脱脂棉球，用嘴距棉球 10～15 cm，沿水平方向轻吹棉球。如能吹走，漆膜表面不留有棉丝，即认为表面干燥。

②指触法。以手指轻触漆膜表面，如感到有些发黏，但无漆黏在手指上，即认为表面干燥。

（2）实际干燥时间测定。

①压滤纸法。在漆膜上放一片（15 mm×15 mm）定性滤纸（光滑面接触漆膜），在滤纸上轻放干燥实验器（重 200 g，底面积 1 cm^2），同时开动秒表，经 30 s，拿走干燥实验器，将样板翻转，滤纸能自由落下，或用手指在背面轻敲几下，滤纸能自由落下而无纸纤维留在漆膜上，即为实际干燥。

②压棉球法。在漆膜上放一个脱脂棉球，于棉球上再轻轻放上干燥实验器，同时开动秒表，经 30 s 后，将干燥实验器和棉球拿掉，样板转动 5 min，观察漆膜无棉球的痕迹及失光现象，漆膜上若留有 1～2 根棉丝，用棉球能轻轻掸掉，均认为漆膜实际干燥。

2. 涂膜重涂性

重涂性实验是在干燥后的涂膜上按规定进行打磨后，再按规定方法涂上同一种涂料，其厚度按产品规定要求，在涂饰过程中检查涂覆的难易程度。

咬底、渗色、不干通常是由于涂料使用不配套，或涂装间隔时间太短；涂装间隔时间太长或在旧漆膜上重涂则易产生结合力差的问题。

在按规定时间干燥后检查涂膜状况有无缺陷发生，必要时检测其附着力。

3. 涂膜厚度

涂膜的各项性能都以厚度作为条件参数，即漆膜性能只有在同等厚度下才有可比性。因此，漆膜厚度是涂料施工过程中很重要的一项控制指标。

漆膜厚度分别有湿膜厚度和干膜厚度。湿膜厚度用于施工现场对漆膜厚度的直接控制和调整，干膜厚度则用于质量监控与验收。

（1）湿膜厚度测定。

湿膜厚度用带有深浅依次变化的锯齿金属板或圆盘，垂直压在湿膜表面，直接读取首先沾有湿膜的锯齿刻度。

（2）干膜厚度测定。

干膜厚度测定分磁性法和涡流法两大类。

①磁性法。磁性法是以探头对磁性基体磁通量或互感电流为基准，利用其表面非磁性涂层的厚度不同引起的探头磁通量或互感电流的线性变化值来测定涂层厚度。因此磁性法只适合于测量磁性基体表面上的非磁性涂层。

用磁性法测量马口铁片表面涂膜时，由于马口铁片太薄（0.5～0.8 mm），测量误差较大，可在马口铁片背面衬以厚铁板或仪器所带标准基板进行调零、校准和测试。测量取距离试板边缘 1 cm 以外的上、中、下三个点的平均值。

②涡流法。测试探头内置高频电流线圈，它在被测涂层内产生高频磁场，由此引起金属基体内部涡流，此涡流产生的磁场又反作用于探头内线圈，令其阻抗变化。随表面涂层厚度变化，探头与金属间的距离相应发生变化，反作用于探头线圈的阻

抗亦发生相应改变，测出探头线圈的阻抗就可反映出涂层的厚度。

涡流法适用于测量非磁性金属基体上的非导电涂层厚度，对磁性基体表面的非磁性涂层厚度测量也同样适合。并且采用涡流法原理的测厚仪通常兼有电磁、涡流两种功能。

③其他方法。由于磁性法和涡流法只能测量金属基体表面的涂膜厚度，对于非金属基体材料（如塑料、木材、玻璃等），需采用其他方法。

以上测量方法都属于无损测厚，但作为仲裁方法，仍采用显微镜法，测试原理如图 1.2 所示。用一定角度的切割工具将涂层作“V”形缺口直至底材，用带有标尺的显微镜测定 a'和 b'宽度，标尺分度已通过校准系数换算成微米级，因而从显微镜读取的是漆膜实际厚度（a 和 b）。

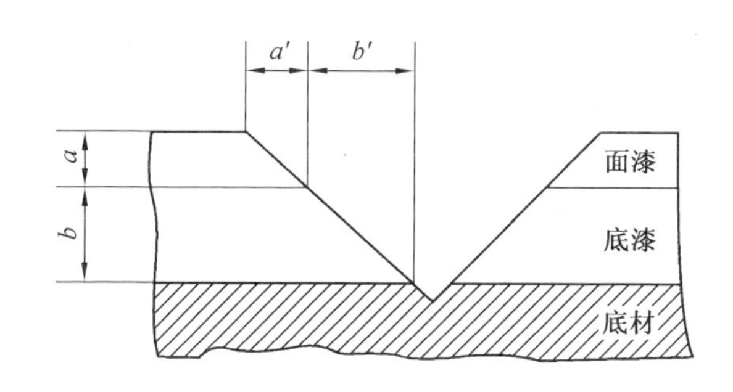

图 1.2　显微镜测厚原理示意

4. 涂膜遮盖力

遮盖力是指色漆均匀地涂在物体表面上，遮盖住被涂基体表面底色的能力。多采用黑白格实验，以单位面积遮盖底色的最小用漆量（g/m^2）表示遮盖力。

按《色漆和清漆　遮盖力的测定　第 2 部分：黑白格板法》(GB/T 23981.2—2023）规定，采用在黑白格玻璃板表面刷涂或喷涂，国外则采用一次性的黑白格纸，使用较为方便。

涂料的遮盖力取决于颜料对光的散射和吸收程度，也跟颜料与基料之间的折射率之差有关系，遮盖力越高，色漆的施工面积越多。

对于白色和浅色漆，也可采用反射率测定仪，测定不同厚度的干膜在黑板和白板上的反射率之比，即对比率。当对比率等于 0.98 时，认为该厚度涂膜全部遮盖，根据厚度可计算出遮盖力。

5. 涂料流平性与抗流挂性

涂料流平性和抗流挂性都可采用流挂仪测试，观察厚度依次改变的相邻漆条流到一起或未流到一起的情况来评定涂料的流平性或抗流挂性。

涂料流平性和抗流挂性是一对矛盾的性能，为了使涂料同时具备良好的流平性和抗流挂性，通常会调整涂料的触变性，对于触变性优良的涂料，刚施工时涂料因剪切变稀具有良好的流平性，施工完后涂料恢复黏度，具有良好的抗流挂性。

6. 涂膜打磨性

由于在涂装作业过程中，总是需要进行局部的打磨修整，对于在旧涂膜表面涂漆或腻子表面，需要进行彻底的整体打磨。因此，打磨是涂装过程中必不可少的一道工序，打磨的难易程度直接影响施工效率。

《涂膜、腻子膜打磨性测定法》（GB/T 1770—2008）中规定了 DM-1 型打磨性测定仪的机械打磨测定方法，试板装于仪器吸盘正中，磨头装上规定型号的水砂纸，仪器可自动进行规定次数的打磨，保证了相同负荷和均匀的打磨速度，所得结果比较准确。

打磨性一般以砂纸打磨时的沾砂性或打磨平整的难易程度来判断。若沾砂严重，打磨时感觉发腻，则不太容易打磨平整，打磨性就差。例如用 300#水砂纸打磨 30 次，看是否易打磨不起卷；或用 200#水砂纸，在 200 g 质量下，打磨 100 次，看是否易打磨平整。通常地，硬涂膜有较好的打磨性，软涂膜的打磨性很差。

1.7.3 涂膜基本性能指标及检验方法

1. 涂膜外观及光泽

涂膜外观：通常在日光下用肉眼观察涂膜的样板有无缺陷，如刷痕、颗粒、起泡、起皱、缩孔等，一般与标准样板对比。

光线以一定入射角度投射到涂膜表面，并以相应角度反射出去的光量大小，就是光泽度。光泽的测定主要采用两大仪器，即光电光泽计和投影光泽计，前者用得较多。具体测试方法可参照国家标准《色漆和清漆　不含金属颜料的色漆漆膜的 20°、60°和 85°镜面光泽的测定》（GB/T 9754—2007）。

在一定入射角下，若涂膜表面粗糙、平整度差，则散射光多、反射光少，光泽度就低。以 60%光泽计测量的涂膜光泽分类如下：高光泽≥70%；半光或中等光泽 30%～70%；蛋壳光 6%～30%；平光 2%～6%；无光≤2%。

2. 涂膜鲜映性

鲜映性是指涂膜表面反映影像（或投影）的清晰程度，以 DOI（distinctness of image）值表示。它能表征与涂膜装饰性相关的一些性能（如光泽、平滑度、丰满度等）的综合效应。它可用来对飞机、汽车、精密仪器、家用电器，特别是高级轿车车身等的涂膜的装饰性进行等级评定。

鲜映性测定仪的关键装置是一系列标准的鲜映性数码板，以数码表示等级，分为 0.1、0.2、0.3、0.4、0.5、0.6、0.7、0.8、0.9、1.0、1.2、1.5、2.0 共 13 个等级，称为 DOI 值。每个 DOI 值旁印有几个数字，DOI 值越高，印的数字越小，用肉眼越不易辨认。观察被测表面，读取到的 DOI 值旁的数字，即为相应的鲜映性。

在《各色汽车用面漆》（GB/T 13492—1992）中，对各色汽车用面漆 I 型面漆，已有鲜映性规定，要求达到 0.6～0.8。事实上，高档轿车涂膜的鲜映性要求 DOI 值在 1.0 以上，豪华轿车更要求 DOI 值在 1.2 以上，具有镜面的成像清晰度。

鲜映性测试仪有国产的 QYG 型、美国 Pellegrini 影像仪及日本的 PGO-4 鲜映性仪。

3. 涂膜雾影测定

雾影是高光泽漆膜由于光线照射而产生的漫反射现象。雾影光泽仪是一台双光束光泽仪，其中参比光束可以消除温度对光泽以及颜色对雾影值的影响。仪器的主接收器接收漆膜的光泽，而副接收器则接收反射光泽周围的雾影。雾影值最高可达

1 000，但评价涂料时，雾影值在 250 以下就足够，因此，仪器测试范围为 0～250。涂料产品雾影值通常应定在 20 以下，因为涂膜雾影太大，将严重影响高光泽漆膜的外观，尤其对浅色漆的影响更为显著。

4. 涂膜颜色

测定涂膜颜色的一般方法是按《色漆和清漆　色漆的目视比色》（GB/T 9761—2008）的规定，将试样与标准同时制板，在相同的条件下施工、干燥后，在天然散射光线下目测检查或在国际照明委员会（CIE）标准光源下将试样与标准色板重叠 1/4 面积，眼睛与样板成 120°～140° 进行对比。如试样与标准样颜色无显著区别，即认为符合技术容差范围。也可以将试样制板后，与标准色卡进行比较，或在比色箱 CIE 标准 D65 的人造日光照射下比较，以适合用户的需要。

另外，为避免人为误差的产生，国家标准《漆膜颜色的测量方法　第二部分　颜色测量》（GB 11186.2—89）规定用光谱光度计、滤光光谱光度计和刺激值色度计测定涂膜颜色，即可通称的光电色差仪来对颜色进行定量测定，以把人们对颜色的感觉用数字表达出来。

5. 涂膜白度

涂膜的白度一般用目测即可进行评定，但由于人们视觉的差异，不能对真正的白色作出客观评价，故采用仪器测定。

6. 涂膜硬度

硬度是表示涂层机械强度的重要性能之一，其物理意义可理解为涂层被另一种更硬的物体穿入时所表现的阻力。涂膜硬度通常有摆杆硬度和铅笔硬度两种表征方法。

（1）摆杆硬度测定。

摆杆硬度测定原理是接触涂膜的摆杆以一定周期摆动时，涂膜越软，则摆杆的摆幅衰减越快。根据《色漆和清漆　摆杆阻尼试验》（GB/T 1730—2007）中的 A 法，摆杆有科尼格（Konig）摆和珀萨兹（Persoz）摆两种。科尼格摆在测试前，应先在标准玻璃板上，将摆杆从 6° 到 3° 的阻尼时间校正为（250±10）s；珀萨兹摆则应先在标准玻璃板上，将摆杆从 12° 到 4° 的阻尼时间至少调整到 420 s。GB/T 1730—2007 的 B 法采用双摆，测试前从 5° 到 2° 的摆动时间应校正到（440±6）s，结果以涂膜表面的阻尼时间与玻璃表面的阻尼时间比值表示。

（2）铅笔硬度测定。

参照《色漆和清漆　铅笔法测定漆膜硬度》（GB/T 6739—2022）。

采用一套已知硬度的铅笔笔芯端面的锐利边缘，与涂膜成 45° 角划涂膜，测定结果以不能划伤涂膜的最硬铅笔硬度表示。用手工操作时，由于用力上的差别，偏差较大，可用专门的铅笔实验仪来测试。

铅笔划涂膜时，既有压力，又有剪切作用力，与摆杆的阻尼作用是不同的，它们之间也就没有换算关系。

（3）其他硬度测定法。

斯华特硬度是以金属圆环在漆膜来回摆动次数来衡量，灵敏度差，但测试要比摆杆阻尼法快，一般用于对涂膜的粗略测定。克利曼硬度为划痕测试，看一定负荷下涂膜是否被划透，或以涂膜被划透的最小负荷表示。测试仪有手动型和自动型两种，仲裁实验必须采用自动测试（《色漆和清漆　耐划痕性的测定　第 1 部分：负荷恒定法》（GB/T 9279.1—2015））。

7. 涂膜耐冲击性

冲击强度实验考察的是涂膜在高速重力作用下的抗瞬间变形而不开裂、不脱落能力。它综合反映了涂膜柔韧性和对底材的结合力。

涂膜的耐冲击性通常采用落锤冲击实验来考察，具体参照国家标准《漆膜耐冲击测定法》（GB/T 1732—2020）规定。冲击实验器的重锤质量是 1 000 g，凹槽直径为（15±0.3）mm，冲头进入凹槽深度为（2±0.1）mm（需经校正），重锤最大滑落高度为 50 cm。各国的冲击实验器的重锤质量和高度均不相同，其中 ISO6272-2：2011 则定义为落锤实验的重锤质量为 1 kg，高度为 1 m。实验后的质量评定一般采用 4 倍放大镜观察有无裂纹和破损，但对于极微细裂纹较难观察，有些则采用 $CuSO_4$ 水溶液润湿 15 min 后，观察有无铜或铁锈色来判定。

8. 涂膜柔韧性

根据国家标准《漆膜、腻子膜柔韧性测定法》（GB/T 1731—2020）规定，涂膜柔韧性测试采用轴棒测定器，测试时将涂漆的马口铁板在不同直径的轴棒上弯曲，以其弯曲后不引起漆膜破坏的最小轴棒的直径（mm）来表示。做 180° 弯曲，检查漆膜开裂与否，以不发生漆膜破坏的最小轴棒直径表示。轴棒直径分别是 1 mm、2 mm、3 mm、4 mm、5 mm、10 mm、15 mm。此项测试结果是漆膜弹性、塑性和附着力的综合体现，并受测试时变形时间与速度的影响。

另一类柔韧性测试器是锥形弯曲实验仪，避免了轴棒测试结果的不连续性。

9. 漆膜附着力

附着力是指涂膜对基材表面物理和化学作用的结合力的总和。涂漆时涂料对基材的润湿性和基材表面粗糙程度也影响其附着力，测试方法分直接法和间接法。直接法主要是拉开法（《色漆和清漆　拉开法附着力试验》（GB/T 5210—2006）），测量把漆膜从基材表面剥离下来时所需的拉力。间接法如划痕硬度、冲击强度、柔韧性测量等都表现出涂膜的附着力，但一般专用划圈法和划格法来测试涂膜附着力，操作更快捷方便。

10. 涂膜耐热性、耐寒性及耐温变性

涂膜耐热性检测：采用鼓风恒温烘箱或高温炉，在达到产品标准规定的温度和时间后，对漆膜表面状况进行检查，或者在耐热实验后进行其他性能测试。

耐寒性检测：通常是将涂膜按产品标准规定放入低温箱中，保持一定时间，取出观察涂膜变化情况。

耐温变性检测：通常是在高温 60 ℃保持一定时间后，再在低温如-20 ℃放置一定时间，如此反复若干次循环，最后观察涂膜变化情况。

11. 涂膜耐水性

按《漆膜耐水性测定法》（GB/T 1733—1993）规定，基材为 120 mm×25 mm×

（0.2～0.3）mm 马口铁板，涂膜经封边后，将试板 2/3 浸入（23±2）℃水（或沸水）中，至规定时间以后取出，检查记录有无失光、变色、起泡、起皱、脱落生锈等现象和恢复时间。

12. 涂膜耐汽油性测定

按《色漆和清漆　耐液体介质的测定》（GB/T 9274—1988）规定，底板为 120 mm×50 mm×（0.2～0.3）mm 马口铁板，将试板 2/3 浸入（23±2）℃的 120#溶剂汽油中，至规定时间以后取出，检查记录有无起皱、起泡、剥落、变软、变色、失光等现象。

13. 涂膜耐化学品性

依据国家标准 GB/T 9274—1988 的规定，用普通低碳钢棒浸涂或刷涂被试涂料，干燥 7 d 后，测量厚度，将试棒的 2/3 面积浸入产品标准规定的酸或碱中，在（23±2）℃温度下浸泡。定时观察检查涂膜状况，按产品标准规定判定结果。

实验采用底板为 120 mm×50 mm×（0.45～0.55）mm 薄钢板，厚 1～2 mm 的 LYl2 铝板，及ϕ10～12 mm、长 120 mm 一端为球面的低碳钢棒，板材涂漆后应封边，钢棒采用浸涂法涂漆，干后直接做浸泡实验。

（1）耐盐水。

将试板的 2/3 浸入 3%NaCl 水溶液，温度为（23±2）℃，至规定时间后取出，检查有无变色、失光、起泡、脱落、生锈情况。

（2）耐酸碱。

将涂漆钢棒的 2/3 长度浸入规定浓度的酸、碱溶液中，温度为（23±2）℃，每 24 h 取出检查一次。每次检查均应用自来水冲洗、滤纸吸干，观察有无变色、失光、起泡、斑点、脱落现象。

14. 涂膜耐盐水性

耐盐水测定通常是将试板 2/3 面积浸入 3%氯化钠水溶液中，按产品规定时间取出并检查。另外按国家标准 GB/T 9274—1988 中规定，也可采用加温耐盐水法，实验温度为（40±1）℃，采用一套恒温设备控制。

15. 涂膜耐盐雾性

盐雾实验是目前普遍用来检验涂膜耐腐蚀性的方法。按国家标准《海洋仪器环境实验方法 第 10 部分：盐雾试验》（GB/T 32065.10—2020）规定执行。涂膜样板放置在具有一定温度（(35±2) ℃）、一定盐水浓度（4.9%～5.1%）的盐雾实验箱中，经一定时间实验后，观察样板外观的破坏程度。按《漆膜耐湿热测定法》（GB/T 1740—2007）的规定来评定等级。

在沿海地区，由于大气中充满着盐雾，对金属制品产生强烈的腐蚀作用，也对沿海地区的防护措施提出了严格要求。因此在防腐蚀保护研究方面，一般采用盐雾实验作为人工加速腐蚀实验的方法。但在盐雾实验过程中，由于受盐雾浓度、喷雾压力、雾粒大小、盐雾沉降量等因素的影响，在不同类型实验设备中，所得结果差别较大，也存在着一些争议，但仍然被广泛采用。

盐雾实验分为中性盐雾实验（SS）和乙酸盐雾实验（ASS）。

（1）中性盐雾实验。按 GB/T 32065.10—2020 规定，氯化钠水溶液浓度为（50±1）g/L，pH 为 6.5～7.2，温度为（35±2）℃。试板尺寸为 150 mm×70 mm，需划叉的为 150 mm× 100 mm，且划痕离任一边的距离都应大于 20 cm。试板表面应向上并与垂直方向成 15°～30° 角，每 24 h 检查一次，每一次检查时间不应超过 60 min，并且试板表面不允许呈干燥状态。至规定时间后取出，检查记录起泡、生锈、附着力及由划痕处的腐蚀蔓延情况。中性盐雾实验的其他标准有 ASTMB ll7 等。

（2）乙酸盐雾实验是为了提高腐蚀实验效果（《人造气氛腐蚀试验 盐雾试验》（GB/T 10125—2021）），盐雾的 pH 为 3.1～3.3。也可在乙酸盐水中加入氯化铜，即改性乙酸盐雾实验（CASS），进一步加快腐蚀实验速度。

盐雾实验也与湿热实验结合，用作汽车涂层的循环腐蚀实验考核。例如：于 35 ℃、5％NaCl 溶液喷雾 4 h→60 ℃、RH<35％、干燥 2 h→50 ℃、RH>95％、潮湿实验 2 h，重复此循环。

曝晒前 3 个月每半个月检查一次；3 个月到一年内，每月检查一次；一年以后，每 3 个月检查一次。检查失光、变色、粉化、长霉等现象，至预定时间或达到《色

漆和清漆　涂层老化的评级方法》（GB/T 1766—2008）中“差级”任一项时，终止实验。

为了加快大气老化实验速度，各国在装置上做了如下改进：用反射镜加强光照作用；增加曝晒架自动跟踪太阳转动装置、定时定量喷水装置。例如，美国 EMMAQUA 实验机（反光率 83%）在装置了反光板、自动跟踪器和每天喷洒 7 次蒸馏水、每次 10 min 的大气老化加速实验机后，实验速度加快 6～12 倍。

16. 涂膜耐老化性

涂膜老化实验是在人工模拟的大气环境中，考察漆膜的耐久性。为了节省过长的实验时间，通常采用人工加速老化实验。《色漆和清漆　人工气候老化和人工辐射曝露　滤过的氙弧辐射》（GB/T 1865—2009）规定采用 6 000 W 水冷式管状氙灯，样板与光源间距离为 350～400 mm，实验室空气温度为（45±2）℃，相对湿度为（70±5）%，降雨周期为每小时 12 min，也可根据特殊用途选择相宜的温度、湿度和降雨周期。

前期每隔 48 h 检查一次实验样板，192 h 以后，每隔 96 h 检查一次。每次检查时调换试板位置，直至漆膜老化实验结果达到 GB/T 1766—2008 中“差级”任一项时，终止实验。

人工加速老化机设备结构复杂、价格昂贵、消耗功率大、实验费用高，因此，在一般的耐候性考核时，美国较多地采用 QUV 加速老化实验仪进行实验研究。该实验仪的紫外光源主辐射峰为 313 nm，辅助于氧气和水汽的作用，实验速度很快，特别适合于配方筛选。SUNTEST 实验仪则是小型实验仪，在近似太阳光的照射下，辅助于周期性喷水，可对少量试板进行耐候性考查。

第 2 章　有机化学实验

2.1　蒸馏和沸点的测定

2.1.1　实验目的

（1）熟悉蒸馏法分离混合物的方法。

（2）掌握测定化合物沸点的方法。

2.1.2　实验原理

蒸馏（又称简单蒸馏）是分离和提纯液体物质的最常用方法，是将液体混合物加热至沸腾，使液体变为蒸气，再冷凝蒸气，并在另一容器收集液体的操作过程。利用蒸馏方法，不仅可以把挥发性物质与不挥发性物质分离，还可以把沸点不同的物质以及有色的杂质等分离。

液体的分子由于分子运动而有从表面逸出的倾向，这种倾向随着温度的升高而增大，进而在液面上部形成蒸气。当分子由液体逸出的速度与分子由蒸气中回到液体中的速度相等时，液面上的蒸气达到饱和，称为饱和蒸气。它对液面所施加的压力称为饱和蒸气压。一定组成的液体，其蒸气压只与温度有关，随温度的升高，液体的蒸气压增大。液体化合物的蒸气压只与体系的温度和组成有关，而与体系的总量无关。

当液体的蒸气压增大到与外界施于液面的总压力（通常是大气压力）相等时，就有大量气泡从液体内部逸出，即液体沸腾。这时的温度称为液体的沸点。液体的沸点与外界压力有关，通常说的沸点是指标准大气压 101.325 kPa（760 mmHg）下液体沸腾的温度。

在同一压力下，物质的沸点不同，其蒸气压也不同，低沸点物质的蒸气压大，高沸点物质的蒸气压小。因此，当液体混合物沸腾时，蒸气组成和原液体混合物的组成不同。低沸点组分的蒸气压大，它在蒸气中的摩尔组成大于其原液体混合物中的摩尔组成；反之，高沸点组分在蒸气中的摩尔组成则小于原液体混合物中的摩尔组成。将逸出的蒸气冷凝为液体时，则冷凝液的组成与蒸气组成相同，即冷凝液中含有较多的低沸点组分，而留在蒸馏瓶中的液体则含有较多的高沸点组分。原混合物中各组分的沸点相差越大，分离效果越好。通常两组分沸点差大于 30 ℃就可采用蒸馏进行分离。

在通常情况下，纯净的液体在一定条件下具有一定的沸点。如果在蒸馏过程中，沸点发生变动，那就说明物质不纯。因此可借助蒸馏的方法来测定物质的沸点和定性地检验物质的纯度。但是具有固定沸点的液体不一定都是纯化合物，因为某些化合物往往能和其他组分形成二元或三元恒沸混合物，它们也有一定的沸点。因此，不能认为沸点一定的物质都是纯物质。

沸点的测定方法有常量法和微量法，常量法所需样品量多，本实验采用微量法测定，装置如图 2.1 所示。微量法所用的沸点管由外管和内管组成，外管用长 7～8 cm、内径 0.2～0.3 cm 的玻璃管将一端烧熔封口制得，内管用内径约 1 mm、长约 7 cm 的毛细管封闭一端制成。测量时内管开口向下插入外管中。测定时，取几滴待测液体样品于沸点管的外管中，将内管插入外管中，然后用小橡皮圈把沸点管附于温度计旁，再把该温度计的水银球置于 b 形管两支管中间，然后加热。加热时由于气体膨胀，内管中会有小气泡缓缓逸出，当温度升到比沸点稍高时，管内会有一连串的小气泡快速逸出。此时停止加热，使液体自行冷却，气泡逸出的速度即渐渐减慢，至气泡不再冒出并要缩回内管的瞬间记录温度，此时的温度即为该液体的沸点。

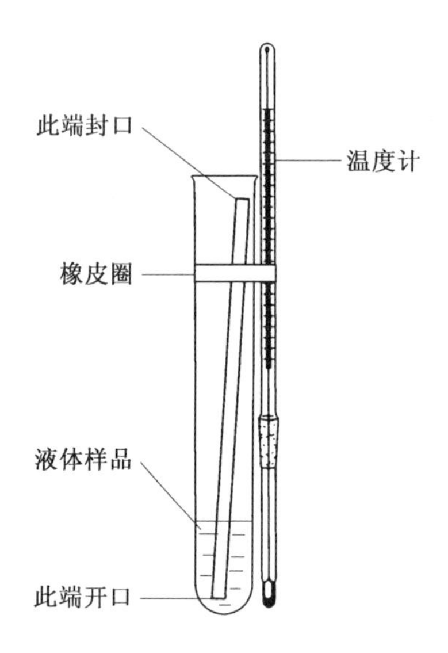

图 2.1 微量法测沸点

2.1.3 实验仪器和药品

（1）仪器：圆底烧瓶、温度计、蒸馏头、冷凝器、尾接管、锥形瓶、电炉、加热套、量筒、烧杯、毛细管、橡皮圈、铁架台。

（2）药品：沸石、氯仿、工业酒精。

2.1.4 实验步骤

1. 酒精的蒸馏

清洗所有蒸馏装置，并用量筒量取 20 mL 工业酒精装入烧瓶中，再放入 2～3 颗沸石。按照图 2.2 所示安装蒸馏装置，然后通冷凝水（冷凝水从冷凝管支口的下端进，上端出），用打火机点燃酒精灯开始加热，并调整铁架台的高度，用酒精灯的外焰给烧瓶加热，注意观察蒸馏瓶中的现象和温度计读数的变化。当瓶内液体开始沸腾时，蒸气前沿逐渐上升，待达到温度计水银球时，温度计读数急剧上升，这时应适当调小火焰，控制馏出的液滴以每秒钟 1～2 滴为宜。在蒸馏过程中，应使温度计水银球处于被冷凝液滴包裹状态，此时温度计的读数就是馏出液的沸点。当温度计读数上升至 77 ℃时，换一个已称量过的干燥的锥形瓶作为接收器，收集 77～79 ℃的馏分。当瓶内只剩下少量（0.5～1 mL）液体时，若维持原来的加热速度，温度计读数会突然下降，即可停止蒸馏，即使杂质很少，也不应将瓶内液体完全蒸干，以免发生意外。称量所收集馏分的质量或体积，并计算回收率。蒸馏结束时，先停止加热，后停止通水，拆卸仪器顺序与装配时相反。

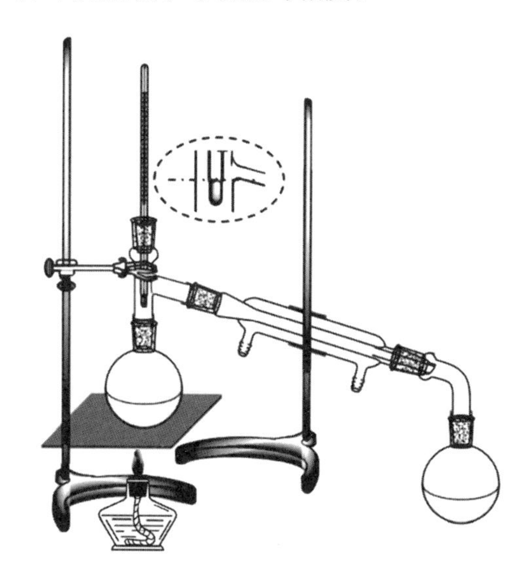

图 2.2　蒸馏装置图

2．微量法测沸点

在一小试管中加入 8～10 滴氯仿，将毛细管开口端朝下，将试管贴于温度计的水银球旁，用橡皮圈束紧并浸入水中，缓缓加热，当温度达到沸点时，毛细管口处连续出泡，此时停止加热，注意观察温度，至最后一个气泡欲从开口处冒出而退回内管的瞬间记录温度，即为沸点。待温度下降 15～20 ℃后，可重新加热再重复几次，每次温度计读数相差不超过 1 ℃。

2.1.5　思考题

（1）蒸馏时，放入沸石为什么能防止暴沸？若加热后才发觉未加沸石，应怎样处理？

（2）向冷凝管通水是由下而上，反过来效果会怎样？把橡皮管套进冷凝管侧管时，怎样才能防止折断其侧管？

（3）用微量法测定沸点，把最后一个气泡刚欲缩回管内的瞬间温度作为该化合物的沸点，为什么？

2.1.6 装置问题

（1）选择合适容量的仪器：液体量应与仪器配套，瓶内液体的体积量应不少于瓶体积的 1/3，不多于 2/3。

（2）温度计的位置：温度计经套管插入蒸馏头中，温度计水银球上线应与蒸馏头侧管下线对齐。

（3）接收器：接收器有两个，一个接收低馏分，另一个接收产品的馏分。可用锥形瓶或圆底烧瓶。蒸馏易燃液体（如乙醚）时，应在接引管的支管处接一根橡皮管将尾气导至水槽或室外。

（4）安装仪器步骤：一般是从下至上、从左（头）至右（尾）、先难后易逐个装配，蒸馏装置严禁安装成封闭体系；拆仪器时则相反，从尾至头，从上至下。

（5）蒸馏可将沸点不同的液体分开，但各组分沸点至少相差 30 ℃。

（6）液体的沸点高于 140 ℃时用空气冷凝管。

（7）进行简单蒸馏时，安装好装置以后，应先通冷凝水，再进行加热。

（8）毛细管口向下。

（9）微量法测定应注意：

①加热不能过快，被测液体不宜太少，以防液体全部气化。

②沸点内管里的空气要尽量排干净。正式测定前，让沸点内管里有大量气泡冒出，以此带出空气。

③观察要仔细及时。重复几次，要求几次的误差不超过 1 ℃。

2.2　重结晶及过滤

2.2.1　实验目的

（1）学习重结晶提纯固态有机物的原理和方法。

（2）学习抽滤和热过滤的操作。

2.2.2　实验原理

重结晶是纯化固体化合物的重要方法之一。其原理是利用混合物中各组分在某种溶剂中溶解度不同或在同一溶剂中不同温度时的溶解度不同而使它们相互分离纯化。固体有机物在溶剂中的溶解度随温度的变化易改变，通常温度升高，溶解度增大；反之，则溶解度降低，热的为饱和溶液，降低温度，溶解度下降，溶液变成过饱和且易析出结晶。利用溶剂对被提纯化合物及杂质的溶解度的不同，以达到分离纯化的目的。其主要步骤为：

（1）将不纯固体样品溶于适当溶剂制成热的近饱和溶液。

（2）如溶液含有有色杂质，可加活性炭煮沸脱色，将此溶液趁热过滤，以除去不溶性杂质。

（3）将滤液冷却，使结晶析出。

（4）抽气过滤，使晶体与母液分离。

必须注意，杂质含量过多对重结晶极为不利，影响结晶速率，有时甚至妨碍结晶的生成。重结晶一般只适用于杂质质量低于总样品质量 5%的固体化合物，所以在结晶之前应根据不同情况，分别采用其他方法进行初步提纯，如水蒸气蒸馏、萃取等，然后再进行重结晶处理。

重结晶的关键是选择合适的溶剂，理想溶剂应具备以下条件：

（1）不与被提纯物质起化学反应。

（2）被提纯物质在温度高时溶解度大，而在室温或更低温度时溶解度小。

（3）杂质在热溶剂中不溶或难溶，在冷溶剂中易溶。

（4）容易挥发，易与结晶分离。

（5）能得到较好的晶体。

除上述条件外，结晶好、回收率高、操作简单、毒性小、易燃程度低、价格便宜的溶剂更佳。常用溶剂有水、乙醇、丙酮、苯等。

2.2.3 实验仪器和药品

（1）仪器：循环水真空泵、抽滤瓶、布氏漏斗、烧杯、电炉、石棉网、玻璃棒、滤纸、天平。

（2）药品：粗苯甲酸、活性炭。

2.2.4 实验步骤

称 3 g 粗苯甲酸于 250 mL 烧杯中，加入 120 mL 蒸馏水，加热至沸使其溶解（若还未溶解可适量加入热水，搅拌，加热至沸腾），稍冷，加少量（0.5～1 g）活性炭，继续加热煮沸 5～10 min；趁热进行热过滤（热过滤菊花形滤纸折叠法如图 2.3 所示），冷却，析晶；完全析晶后，抽滤，洗涤 2～3 次，抽滤至干；晾干，称重并计算产率。

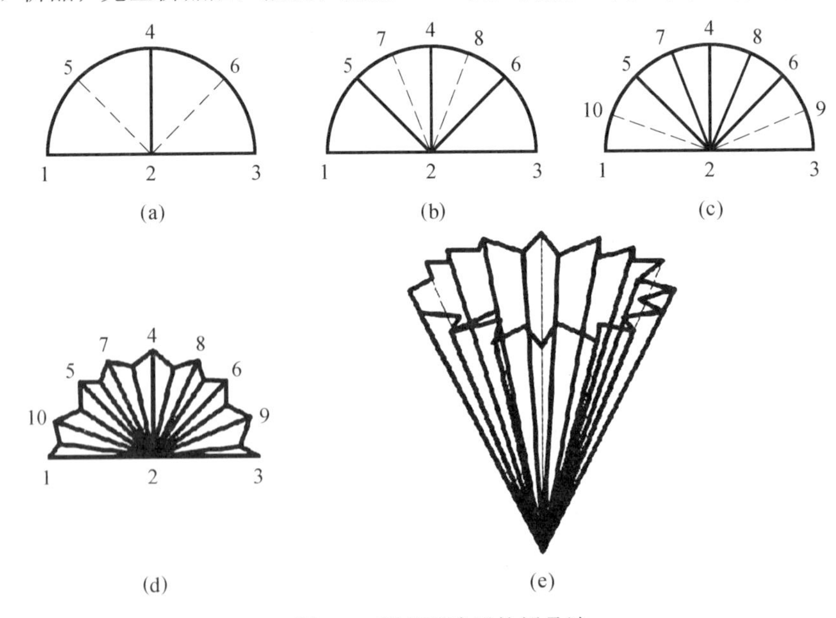

图 2.3　菊花形滤纸的折叠法

热过滤和抽气过滤分别如图 2.4、图 2.5 所示。

图 2.4　热过滤

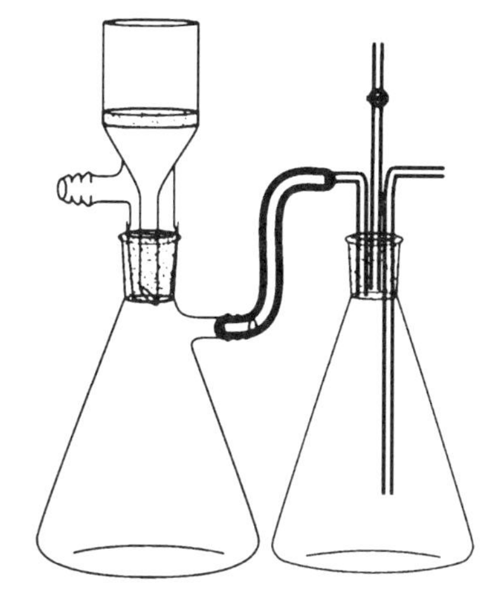

图 2.5　抽气过滤

2.2.5　思考题

（1）用活性炭脱色为什么要待固体完全溶解后加入？为什么不能在溶液沸腾时加入？

（2）在布氏漏斗上用溶剂洗涤滤饼时应注意什么？

（3）使用布氏漏斗过滤时，如果滤纸大于漏斗瓷孔面时，有什么不好？

（4）减压结束时，先通大气，再关泵的目的是什么？

（5）在实验中加入活性炭的目的是什么？

2.3　苯甲酸的制备

2.3.1　实验目的

（1）学习苯环支链上的氧化反应。

（2）掌握减压过滤和重结晶提纯的方法。

2.3.2 实验原理

苯甲酸（benzoic acid）俗称安息香酸，常温常压下是鳞片状或针状晶体，有苯或甲醛的臭味，易燃。密度 1.265 9 g/cm^3（25 ℃），沸点 249.2 ℃，折光率 1.539 47（15 ℃），微溶于水，易溶于乙醇、乙醚、氯仿、苯、二硫化碳、四氯化碳和松节油。可用作食品防腐剂、醇酸树脂和聚酰胺的改性剂、医药和染料中间体，还可以用于制备增塑剂和香料等。此外，苯甲酸及其钠盐还是金属材料的防锈剂。苯甲酸的工业生产方法有三种：甲苯液相空气氧化法、三氯甲苯水解法、邻苯二甲酸酐脱酸法。其中以甲苯液相空气氧化法为主。氧化反应是制备羧酸的常用方法。芳香族羧酸通常用氧化含有α-H 的芳香烃的方法来制备。芳香烃的苯环比较稳定，难以氧化，而环上的支链不论长短，在强烈氧化时，最终都氧化成羧基。制备羧酸采用的都是比较强烈的氧化条件，而氧化反应一般都是放热反应，所以控制反应在一定的温度下进行是非常重要的。如果反应失控，不但破坏产物，使产率降低，有时还有发生爆炸的危险。本实验以 $KMnO_4$ 为氧化剂由甲苯制备苯甲酸，反应式如下：

$$C_6H_5CH_3 + KMnO_4 \xrightarrow{\Delta} C_6H_5COOK + MnO_2 + H_2O$$

$$C_6H_5COOK + HCl \longrightarrow C_6H_5COOH + KCl$$

2.3.3 实验仪器和药品

（1）仪器：天平、量筒、圆底烧瓶、冷凝管、电炉、布氏漏斗、抽滤瓶。

（2）药品：甲苯、高锰酸钾、浓盐酸、沸石、活性炭。

2.3.4　实验步骤

（1）在烧瓶中放入 2.7 mL 甲苯和 100 mL 蒸馏水，瓶口装上冷凝管（装置如图 2.6 所示），加热至沸腾。经冷凝管上口分批加入 8.5 g 高锰酸钾。黏附在冷凝管内壁的高锰酸钾用 25 mL 水冲入烧瓶中，继续煮沸至甲苯层消失，回流液中不再出现油珠为止。

（2）反应混合物趁热过滤，用少量热水洗涤滤渣，合并滤液和洗涤液，并放入冷水浴中冷却，然后用浓盐酸酸化至苯甲酸全部析出为止（若滤液呈紫色，加入亚硫酸氢钠除去颜色）。

（3）将所得滤液用布氏漏斗过滤，所得晶体置于沸水中充分溶解（若有颜色加入活性炭除去），然后趁热过滤除去不溶杂质，滤液置于冰水浴中重结晶抽滤，压干后称重。

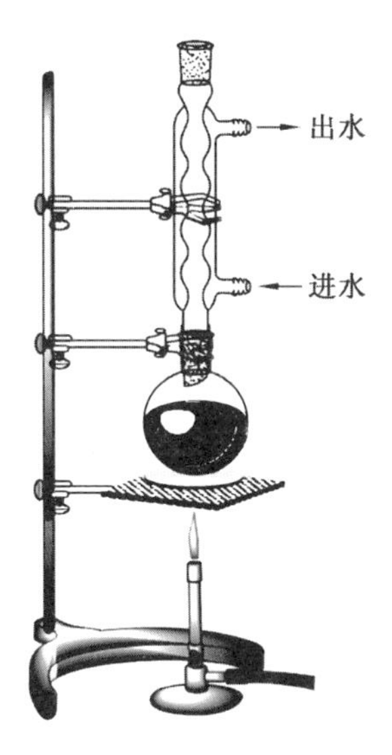

图 2.6　回流装置图

2.3.5　思考题

（1）反应完毕后，若滤液呈紫色，加入亚硫酸氢钠有何作用？

（2）简述重结晶的操作过程。

（3）在制备苯甲酸过程中，加料高锰酸钾时，如何避免瓶口附着？实验完毕后，黏附在瓶壁上的黑色固体物是什么？如何除去？

2.3.6 注意事项

（1）一定要等反应液沸腾后（高锰酸钾只溶于水，不溶于有机溶剂），高锰酸钾才可分批加入，避免反应激烈使高锰酸钾从回流管上端喷出。

（2）在苯甲酸的制备过程中，抽滤得到的滤液呈紫色是由于里面还有高锰酸钾，可加入亚硫酸氢钠将其除去。

（3）酸化要彻底，使苯甲酸充分结晶析出。

2.4 乙酸乙酯的制备

2.4.1 实验目的

（1）熟悉和掌握酯化反应的基本原理和制备方法。

（2）掌握蒸馏、分液漏斗的使用等操作。

2.4.2 实验原理

在少量酸（H_2SO_4 或 HCl）催化下，羧酸和醇反应生成酯，这个反应称为酯化反应（esterification）。该反应为加成-消去过程，质子活化的羰基被亲核的醇进攻发生加成，在酸作用下脱水成酯。该反应为可逆反应，为了完成反应一般采用过量的反应试剂（根据反应物的价格，过量酸或过量醇）。有时可以加入与水恒沸的物质，不断从反应体系中带出水来移动平衡（即减小产物的浓度）。在实验室中也可以采用分水器来完成。

酯化反应的可能历程为：

$$\mathrm{R-C(=O)-OH} \underset{}{\overset{H^+}{\rightleftharpoons}} \mathrm{R-C(=\overset{+}{O}H)-OH} \underset{R'OH}{\rightleftharpoons} \mathrm{R-C(OH)(OH)(H-\overset{+}{O}R')} \overset{-H^+}{\rightleftharpoons} \mathrm{R-C(OH)(OH)(OR')}$$

$$\mathrm{R-C(OH)(OH)(OR')} \overset{H^+}{\rightleftharpoons} \mathrm{R-C(\ddot{O}H)(\overset{+}{O}H_2)(OR')} \overset{-H_2O}{\rightleftharpoons} \mathrm{R-C(=\overset{+}{O}H)-OR'} \overset{-H^+}{\rightleftharpoons} \mathrm{R-C(=O)-OR'}$$

乙酸乙酯的合成方法很多，例如：可由乙酸或其衍生物与乙醇反应合成，也可由乙酸钠与卤乙烷反应合成等。其中最常用的方法是在酸催化下由乙酸和乙醇直接酯化。常用浓硫酸、氯化氢、对甲苯磺酸或强酸性阳离子交换树脂等作为催化剂。若用浓硫酸作为催化剂，其用量是醇的 3%即可，其反应式为：

主反应：

$$CH_3COOH + CH_3CH_2OH \underset{\Delta}{\overset{浓H_2SO_4}{\rightleftharpoons}} CH_3COOCH_2CH_3 + H_2O$$

副反应：

$$CH_3CH_2OH \xrightarrow[170\ ℃]{浓H_2SO_4} CH_2{=}CH_2 + H_2O$$

$$2CH_3CH_2OH \xrightarrow[140\ ℃]{浓H_2SO_4} (CH_3CH_2)_2O + H_2O$$

酯化反应为可逆反应，提高产率的措施为：一方面加入过量的乙醇；另一方面在反应过程中不断蒸出生成的产物和水，促进平衡向生成酯的方向移动。

2.4.3　实验仪器和药品

（1）仪器：圆底烧瓶、冷凝管、蒸馏头、尾接管、分液漏斗、加热套、铁架台。

（2）药品：沸石、无水乙醇、冰醋酸、浓硫酸、饱和碳酸钠、饱和食盐水、饱和氯化钙、无水硫酸镁、pH 试纸。

2.4.4 实验步骤

（1）在 50 mL 圆底烧瓶中加入 9.5 mL 无水乙醇和 6 mL 冰醋酸，再小心加入 2.5 mL 浓硫酸，混匀后，加入沸石，然后装上冷凝管（装置如图 2.6 所示）。

（2）小心加热反应瓶，并保持回流 30 min，待瓶中反应物冷却后，将回流装置改成蒸馏装置（图 2.2），接收瓶用冷水冷却。加热蒸出乙酸乙酯，直到馏出液体积约为反应物总体积的一半为止。

（3）在馏出液中缓慢加入饱和碳酸钠溶液，并不断振荡，直到不再产生气体为止（用 pH 试纸检，不呈酸性），饱和碳酸钠溶液要小量分批地加入，并要不断地摇动接收器（为什么？）。然后把混合液倒入分液漏斗中，静置，放出下面的水层。用石蕊试纸检酯层。如果酯层仍显酸性，再用饱和碳酸钠溶液洗涤，直到酯层不显酸性为止。用等体积的饱和食盐水洗涤（为什么？）。放出下层废液。从分液漏斗上口将乙酸乙酯倒入干燥的小锥形瓶内，加入无水硫酸镁干燥。放置约 20 min，在此期间要间歇振荡锥形瓶。将混合液转入分液漏斗，分去下层水溶液。

（4）把干燥的粗乙酸乙酯滤入 50 mL 烧瓶中。装配蒸馏装置，在水浴上加热蒸馏，收集 73～78 ℃的馏分。称重产品并计算产率。

2.4.5 思考题

（1）蒸出的粗乙酸乙酯中主要有哪些杂质？如何除去？

（2）能否用氢氧化钠代替饱和碳酸钠来洗涤？为什么？

（3）浓硫酸的作用是什么？加入浓硫酸的量是多少？

2.4.6 注意事项

（1）加硫酸时要缓慢加入，边加边振荡，太快，则会因局部放出大量的热量而引起爆沸。

（2）洗涤时注意放气，有机层用饱和 NaCl 溶液洗涤后，尽量将水相分干净。

第 3 章　高分子化学实验

3.1　甲基丙烯酸甲酯本体聚合

3.1.1　实验目的

（1）通过实验了解本体聚合的基本原理和特点，并着重通过对实验的设计来了解聚合条件对产品质量的影响。

（2）掌握有机玻璃制造的操作技术。

3.1.2　实验原理

本体聚合又称为块状聚合，它是在没有任何介质的情况下，单体本身在微量引发剂的引发下聚合，或者直接在热、光、辐射线的照射下引发聚合。本体聚合的优点是：生产过程比较简单，聚合物不需要后处理，可直接聚合成各种规格的板、棒、管制品，所需的辅助材料少，产品比较纯净。但是，由于聚合反应是一个链锁反应，反应速度较快，在反应某一阶段出现自动加速现象，反应放热比较集中；又因为体系黏度较大，传热效率很低，所以大量热不易排出，因而易造成局部过热，使产品变黄，出现气泡，而影响产品质量和性能，甚至会引起单体沸腾爆聚，使聚合失败。因此，本体聚合中严格控制不同阶段的反应温度，及时排出聚合热，是聚合成功的关键因素。

当本体聚合至一定阶段后，体系黏度大大增加，这时大分子活性链移动困难，但单体分子的扩散并不受多大的影响，因此，链引发、链增长仍然照样进行，而链终止反应则因为黏度大而受到很大的抑制。这样，在聚合体系中活性链总浓度不断增加，结果必然使聚合反应速度加快。又因为链终止速度减慢，活性链寿命延长，所以产物的相对分子质量也随之增加。这种反应速度加快，产物相对分子质量增加的现象称为自动加速现象（或称凝胶效应）。反应后期，单体浓度降低，体系黏度进一步增加，单体和大分子活性链的移动都很困难，因而反应速度减慢，产物的相对分子质量也降低。由于这种原因，聚合产物的相对分子质量不均一性（相对分子质量分布宽）就更为突出，这是本体聚合本身的特点所造成的。

对于不同的单体来讲，由于其聚合热不同，因此大分子活性链在聚合体系中的状态（伸展或卷曲）不同；凝胶效应出现的早晚不同，其程度也不同。并不是所有单体都能选用本体聚合的实施方法，对于聚合热值过大的单体，由于热量排出更为困难，因此不宜采用本体聚合，一般选用聚合热适中的单体，以便于生产操作的控制。甲基丙烯酸甲酯和苯乙烯的聚合热分别为 56.5 kJ/mol 和 69.9 kJ/mol，它们的聚合热是比较适中的，工业上已有大规模的生产。大分子活性链在聚合体系中的状态，是影响自动加速现象出现早晚的重要因素，比如，在聚合温度 50 ℃时，甲基丙烯酸甲酯聚合出现自动加速现象时的转化率为 10%～15%，而苯乙烯在转化率为 30%以上时，才出现自动加速现象。这是因为甲基丙烯酸甲酯对它的聚合物或大分子活性链的溶解性能不太好，大分子在其中呈卷曲状态；而苯乙烯对它的聚合物或大分子活性链溶解性能要好些，大分子在其中呈比较伸展的状态。以卷曲状态存在的大分子活性链，其链端易包在活性链的线团内，这样活性链链端被屏蔽起来，使链终止反应受到阻碍，因而其自动加速现象出现得就早些。由于本体聚合有上述特点，在反应配方及工艺选择上必然是引发剂浓度和反应温度较低，反应速度比其他聚合方法低，反应条件有时随不同阶段而异，操作控制严格，这样才能得到合格的制品。

3.1.3 实验仪器和药品

（1）仪器：试管、恒温水浴锅、试管架。

（2）药品：甲基丙烯酸甲酯、过氧化二苯甲酰。

3.1.4　实验内容

（1）取 5 支 10 mL 试管，预先用洗液、自来水和去离子水（或蒸馏水）依次洗干净、烘干备用。

（2）设计实验，考察引发剂用量对甲基丙烯酸甲酯本体聚合的影响。观察聚合情况，记录所得结果，并进行分析讨论。

（3）设计实验，考察聚合温度对甲基丙烯酸甲酯本体聚合的影响。观察聚合情况，记录所得结果，并进行分析讨论。

3.1.5　思考题及实验结果讨论

（1）本体聚合与其他各种聚合方法比较，有什么特点？

（2）制备有机玻璃时，为什么需要首先制成具有一定黏度的预聚物？

（3）在本体聚合反应过程中，为什么必须严格控制不同阶段的反应温度？

（4）凝胶效应进行完毕后，提高反应温度的目的何在？

3.2　苯乙烯悬浮聚合

3.2.1　实验目的

（1）了解悬浮聚合的反应原理及配方中各组分的作用。

（2）了解悬浮聚合实验操作及聚合工艺的特点。

（3）通过实验，了解苯乙烯单体在聚合反应上的特性。

3.2.2　实验原理

悬浮聚合是指在较强的机械搅拌下，借助悬浮剂的作用，将溶有引发剂的单体分散在另一与单体不溶的介质中（一般为水）所进行的聚合。根据聚合物在单体中溶解与否，可得透明状聚合物或不透明、不规整的颗粒状聚合物。像苯乙烯、甲基丙烯酸酯，其悬浮聚合物多是透明珠状物，故又称珠状聚合；而聚氯乙烯因不溶于其单体中，故为不透明、不规整的乳白色小颗粒（称为颗粒状聚合）。

悬浮聚合实质上是单体小液滴内的本体聚合，在每一个单体小液滴内单体的聚合过程与本体聚合是相类似的，但由于单体在体系中被分散成细小的液滴，因此，悬浮聚合又具有它自己的特点。由于单体以小液滴形式分散在水中，散热表面积大，水的比热容大，因而解决了散热问题，保证了反应温度的均一性，有利于反应的控制。悬浮聚合的另一优点是由于采用悬浮稳定剂，所以最后得到易分离、易清洗、纯度高的颗粒状聚合产物，便于直接成型加工。可作为悬浮剂的有两类物质：一类是可以溶于水的高分子化合物，如聚乙烯醇、明胶、聚甲基丙烯酸钠等；另一类是不溶于水的无机盐粉末，如硅藻土、钙镁的碳酸盐、硫酸盐和磷酸盐等。悬浮剂的性能和用量对聚合物颗粒大小和分布有很大影响。一般来讲，悬浮剂用量越大，所得聚合物颗粒越细，如果悬浮剂为水溶性高分子化合物，悬浮剂相对分子质量越小，所得的树脂颗粒就越大，因此悬浮剂相对分子质量的不均一会造成树脂颗粒分布变宽。如果是固体悬浮剂，用量一定时，悬浮剂粒度越细，所得树脂的粒度也越小，因此，悬浮剂粒度的不均匀也会导致树脂颗粒大小的不均匀。

为了得到颗粒度合格的珠状聚合物，除加入悬浮剂外，严格控制搅拌速度是一个相当关键的问题。随着聚合转化率的增加，小液滴变得很黏，如果搅拌速度太慢，则珠状不规则，且颗粒易发生黏结现象。但搅拌太快时，又易使颗粒太细，因此，悬浮聚合产品的粒度分布的控制是悬浮聚合中一个很重要的问题。

掌握悬浮聚合的一般原理后，本实验仅对苯乙烯单体及其在珠状聚合中的一些特点做以简述。

苯乙烯是一个比较活泼的单体，易发生氧化和聚合反应。在储存过程中，如不添加阻聚剂即会引起自聚。但是，苯乙烯的游离基并不活泼，因此，在苯乙烯聚合过程中副反应较少，不容易有链支化及其他歧化反应发生。链终止方式据实验证明是双基结合。另外，苯乙烯在聚合过程中的凝胶效应并不特别显著，在本体及悬浮聚合中，仅在转化率达到50%至70%时，有一些自动加速现象。因此，苯乙烯的聚合速度比较缓慢，例如与甲基丙烯酸甲酯相比较，在用同量的引发剂时，其所需的聚合时间比甲基丙烯酸甲酯多好几倍。

合成聚苯乙烯的化学反应简式如下：

$$\underset{\text{C}_6\text{H}_5}{\text{HC}}{=}\text{CH}_2 \xrightarrow[\text{PVA},\ \text{H}_2\text{O}]{\text{BPO}} \left[\underset{\text{C}_6\text{H}_5}{\text{HC}}-\text{CH}_2\right]_n$$

3.2.3　实验仪器和药品

（1）仪器：250 mL 三口瓶、电动搅拌器、恒温水浴、冷凝管、温度计、吸管、抽滤装置。

（2）药品：苯乙烯、聚乙烯醇、过氧化二苯甲酰、甲醇。

3.2.4　实验步骤

（1）在 250 mL 三口瓶上，装上搅拌器和水冷凝管。量取 45 mL 去离子水，称取 0.2 g 聚乙烯醇（PVA）加入到三口瓶中，开动搅拌器并加热水浴至 90 ℃左右，待聚乙烯醇完全溶解后（20 min 左右），将水温降至 80 ℃左右。

（2）称取 0.15 g 过氧化二苯甲酰（BPO）于一干燥洁净的 50 mL 烧杯中，并加入 9 mL 单体苯乙烯（已精制）使之完全溶解。

（3）将溶有引发剂的单体倒入三口瓶中，此时需小心调节搅拌速度，使液滴分散成合适的颗粒度（注意开始时搅拌速度不要太快，否则颗粒分散得太细），继续升高温度，控制水浴温度在 86～89 ℃范围内，使之聚合。一般在达到反应温度后 2～3 h 为反应危险期，此时搅拌速度控制不好（速度太快、太慢或中途停止等），就容易使珠子黏结变形。

（4）在反应 3 h 后，可以用大吸管吸出一些反应物，检查珠子是否变硬，如果已经变硬，即可将水浴温度升高至 90～95 ℃，反应 1 h 后即可停止反应。

（5）将反应物进行过滤，并把所得到的透明小珠子放在 25 mL 甲醇中浸泡 20 min（为什么？），然后再过滤（甲醇回收），将得到的产物用约 50 ℃的热水洗涤几次（为什么？），用滤纸吸干后，置产物于 50～60 ℃烘箱内干燥，计算产率，观看颗粒度的分布情况。

3.2.5 思考题

（1）试考虑苯乙烯的珠状聚合过程中，随转化率的增长，其反应速度和相对分子质量的变化规律。

（2）为什么聚乙烯醇能够起稳定剂的作用？在悬浮聚合中，聚乙烯醇的质量和用量对颗粒度影响如何？

（3）根据实验的实践，你认为在珠状聚合的操作中，应该特别注意的是什么？为什么？

3.3 苯乙烯乳液聚合

3.3.1 实验目的

（1）通过实验对比不同量乳化剂对聚合反应速度和产物的相对分子质量的影响，从而了解乳液聚合的特点，了解乳液聚合中各组分的作用，尤其是乳化剂的作用。

（2）掌握制备聚苯乙烯胶乳的方法，以及用电解质凝聚胶乳和净化聚合物的方法。

3.3.2 实验原理

乳液聚合是指单体在乳化剂的作用下，分散在介质中，加入水溶性引发剂，在机械搅拌或振荡情况下进行非均相聚合的反应过程。它不同于溶液聚合，又不同于悬浮聚合，它是在乳液的胶束中进行的聚合反应，产品为具有胶体溶液特征的聚合物胶乳。

乳液聚合体系主要包括：分散介质（水）、单体、乳化剂、引发剂，还有调节剂、pH 缓冲剂及电解质等其他辅助试剂，它们的比例大致如下：

（1）分散介质（水）：60%～80%（占乳液总质量）。

（2）单体：20%～40%（占乳液总质量）。

（3）乳化剂：0.1%～5%（占单体质量）。

（4）引发剂：0.1%～0.5%（占单体质量）。

（5）调节剂：0.1%～1%（占单体质量）。

（6）其他：少量。

乳化剂是乳液聚合中的主要组分，当乳化剂水溶液超过临界胶束浓度时，开始形成胶束。在一般乳液配方条件下，由于胶束数量极大，胶束内有增容的单体，所以聚合早期链引发与链增长绝大部分在胶束中发生，从胶束转变为单体拟聚合物颗粒过程中，乳液聚合的反应速度和产物相对分子质量与反应温度、反应地点、单体浓度、引发剂浓度和单位体积内单体-聚合物颗粒数目等有关。而体系中最终有多少单体-聚合物颗粒主要取决于乳化剂和引发剂的种类和用量。当温度、单体浓度、引发剂浓度、乳化剂种类一定时，在一定范围内，乳化剂用量越多、反应速度越快，产物相对分子质量越大。乳化剂的另一作用是减少分散相与分散介质间的界面张力，使单体与单体-聚合物颗粒分散在介质中形成稳定的乳浊液。

乳液聚合的优点是：①聚合速度快、产物相对分子质量高；②由于使用水作为介质，易于散热、温度容易控制、费用低；③由于聚合形成的稳定乳液体系黏度不大，故可直接用于涂料、黏合剂、织物浸渍等。如需要将聚合物分离，除使用高速离心外，亦可将胶乳冷冻，或加入电解质将聚合物凝聚，然后进行分离，经净化干燥后，可得固体状产品。它的缺点是：聚合物中常带有未洗净的乳化剂和电解质等杂质，从而影响成品的透明度、热稳定性、电性能等。尽管如此，乳液聚合仍是工业生产的重要方法，特别是在合成橡胶工业中应用得最多。

在乳液聚合中，单体用量、引发剂用量、水的用量和反应温度一定时，仅改变乳化剂的用量，则形成胶束的数目会改变，最终形成的单体拟聚合物颗粒的数目也会改变。乳化剂用量多时，最终形成的单体-聚合物颗粒的数目也多，那么，它的聚合反应的速度及聚合物相对分子质量也就大。

本实验的目的是通过改变乳化剂的用量，在一定的聚合时间内，测量它的转化率及聚合物的相对分子质量。通过这些数据，讨论乳化剂用量对聚合反应速度及相对分子质量的影响。

3.3.3 实验仪器和药品

（1）仪器：250 mL 三口瓶、回流冷凝管、电动搅拌器、恒温水浴、温度计、量筒、移液管、烧杯、抽滤装置。

（2）药品：苯乙烯、过硫酸钾、油酸钠、三氯化铝、氢氧化钠、乙醇、去离子水。

3.3.4 实验步骤

本实验分两组进行，第一组乳化剂用量为 0.300 0 g；第二组乳化剂用量为 0.600 0 g。乳化剂选用油酸钠。

引发剂的配制：每两组共称取 $K_2S_2O_8$ 0.300 0～0.350 0 g，放于干净的 50 mL 烧杯中，用移液管准确加入去离子水（或蒸馏水），使引发剂浓度达到 10 mg/mL，使之溶解备用。

在装有温度计、搅拌器、水冷凝管的 250 mL 三口瓶中加入 50 mL 去离子水（或蒸馏水）、乳化剂及 1 mL 10% NaOH（用移液管移取）。开始搅拌并水浴加热，当乳化剂溶解后，瓶内温度达 80 ℃时，用移液管准确加入 10 mL $K_2S_2O_8$ 溶液及 10 mL 苯乙烯单体，迅速升温至 88～90 ℃，并维持此温度 1.5 h，而后停止反应。

将乳液倒入 150 mL 烧杯中，加 2 g $AlCl_3$，迅速搅拌使乳液凝聚。用布氏漏斗吸滤，吸滤后的聚合物用热水（80 ℃左右）洗涤至用 1% $AgNO_3$ 溶液检查无 Cl^- 为止。将过滤后的聚合物用 25 mL 乙醇浸渍 1 h，再抽滤并用 10 mL 新鲜乙醇洗涤产品（乙醇液需回收），最后把产物抽干，放于 50～60 ℃烘箱中干燥，称重、计算转化率。

3.3.5　思考题

（1）根据乳液聚合机理和动力学解释乳液聚合反应速度快和相对分子质量高的特点。

（2）为了做好条件对比实验，在实验中应特别注意哪些问题？

（3）试说明在后处理中聚合物用热水及乙醇处理的目的是什么？

（4）根据实验结果，讨论乳化剂在乳液聚合中的作用。

（5）试对比本体聚合、悬浮聚合、溶液聚合和乳液聚合的特点。

3.4　丙烯酸酯的无皂乳液聚合

3.4.1　实验目的

（1）掌握丙烯酸酯无皂乳液合成的基本方法和工艺路线。

（2）理解无皂乳液聚合及其特点。

（3）了解丙烯酸酯乳液中各单体对产品性能的影响。

3.4.2　实验原理

丙烯酸酯乳液是指丙烯酸酯类单体的均聚物、共聚物以及与其他乙烯基类单体的各种共聚物。与其他合成高分子树脂相比，丙烯酸酯乳液具有许多突出的优点，如优异的耐候性、耐紫外光照射、耐热性、耐腐蚀、耐化学品沾污以及极好的柔韧性、保光性、黏附力等，已广泛应用于橡胶、塑料、涂料、胶黏剂、织物整理剂等各个行业。

合成丙烯酸酯乳液的单体有几十种，根据聚合单体赋予涂膜的性能可分为三种类型：软单体、硬单体和官能团单体，见表 3.1。

表 3.1　丙烯酸酯单体及玻璃化转变温度

单体类别	单体名称	密度/（$g\cdot cm^{-3}$）	T_g/℃	主要特征
软单体	丙烯酸乙酯（EA）	0.923 4	−22	臭味大
	丙烯酸丁酯（BA）	0.880	−55	黏性大
	丙烯酸异辛酯（2-EHA）	0.887	−70	黏性大
硬单体	醋酸乙烯酯（VAc）	0.931 7	22	廉价，内聚力，易黄变
	丙烯腈（AN）	—	97	内聚力，有毒
	丙烯酰胺	1.122	165	内聚力
	苯乙烯（St）	0.500	80	内聚力，易黄变
	甲基丙烯酸甲酯（MMA）	0.944	105	内聚力
	丙烯酸甲酯（MA）	0.95	8	内聚力，有亲水性
官能团单体	甲基丙烯酸	1.01	228	黏合力和交联点
	丙烯酸（AA）	1.05	106	黏合力和交联点
	丙烯酸羟乙酯	1.103 8	−60	交联点
	丙烯酸羟丙酯	0.789	−60	交联点
	甲基丙烯酸羟乙酯	1.074	86	交联点
	甲基丙烯酸羟丙酯	1.066	76	交联点
	甲基丙烯酸缩水甘油酯	1.073	—	可自交联
	马来酸酐	1.480	—	黏性和交联点
	N-羟甲基丙烯酰胺	1.074	—	自交联
	甲基丙烯酸三甲胺乙酯	—	13	交联点，可自乳化

（1）软单体是指其均聚物玻璃化转变温度（T_g）较低的 4～17 碳原子的丙烯酸烷基酯单体，其长链侧基缓和了高分子链间的相互作用，起到增塑的效果，常用的有丙烯酸丁酯（BA）。它的主要特点是比较柔软，有足够的冷流动性，易于润湿被黏物表面，能较快地填补黏附表面的参差不齐，具有较好的初黏力和剥离强度。软

单体聚合物的强度一般不高，尤其是那些玻璃化转变温度很低、分子量较小的聚合物，一般不单独使用。

（2）硬单体是那些能产生较高 T_g 的均聚物，并能与软单体共聚的（甲基）丙烯酸酯或其他烯类单体，常用的有丙烯酸甲酯（MA）、甲基丙烯酸甲酯（MMA）、乙酸乙烯酯（VAC）和甲基丙烯酸正丁酯（BMA）等。它们的主要作用是与软单体共聚后能产生具有较好内聚强度和较高使用温度的共聚物。

（3）官能团单体是那些带有各种官能基团，能与上述软、硬单体共聚的烯类单体，常用的有（甲基）丙烯酸、马来酸（酐）、（甲基）丙烯酰胺、衣康酸等。少量这类单体与软、硬单体共聚后，可以得到具有官能团的丙烯酸酯共聚物，这些极性很大的官能团能够使丙烯酸酯树脂的内聚强度和黏合性能得到显著提高，尤为重要的是，能够通过这些官能团将共聚物进行化学改性，使丙烯酸酯树脂的内聚强度、耐热性和耐老化性等性能得到大大提高。但交联也降低了聚合物分子链的自由度，使剥离强度、初黏性下降，只有控制合理的交联密度才能获得性能优良的聚合物乳液。

乳液涂料是水性涂料中最重要的一种，传统的乳液聚合一般是在乳化剂存在下，通过乳液聚合合成的。乳化剂对乳液的合成和稳定等起着十分重要的作用，但也会影响到乳液漆膜的附着力、耐水性和光泽度等，同时还会造成环境污染。

所谓无皂乳液聚合（soap-free emulsion polymerization，SFEP），指完全不含乳化剂或含少量乳化剂的乳液聚合。但少量乳化剂所起的作用与传统乳液聚合完全不同，乳液的稳定主要是通过亲水性单体共聚、引发剂碎片电荷及聚合型乳化剂等来达到的。由于不含小分子乳化剂，聚合物涂膜的性能获得很大改善。同时在 SFEP 中也存在成核、增长和终止三个阶段，其中成核与增长阶段的反应机理与乳液的性能密切相关。

无皂乳液聚合所制备的聚合物微球的主要特点是单分散性，微球尺寸较常规乳液聚合的大。无皂乳液聚合所制备的乳胶粒子表面具有比较“洁净”的特点，它避免了传统乳液聚合中乳化剂带来的许多弊端，如乳化剂消耗大，不能完全从聚合物中除去从而影响产品纯度及性能等。而无乳化剂乳液聚合仅需加入电解质（如NaCl），依靠引发剂残基或依靠单体、极性基团在微球表面形成带电层即可使乳液稳定。

3.4.3 实验仪器和药品

（1）仪器：电子天平、水浴锅、搅拌器、250 mL 三口烧瓶、回流冷凝管、恒压滴液漏斗、50 mL 烧杯、称量纸、滴管（5 支）、广泛 pH 试纸、25 mL 量筒。

（2）药品：甲基丙烯酸甲酯（MMA）、丙烯酸丁酯（BA）、丙烯酸（AA）、甲基丙烯酸羟乙酯（HEMA）、2-丙烯酰胺-2-甲基丙磺酸（AMPS）、过硫酸铵（APS）、碳酸氢钠（$NaHCO_3$）、烯丙氧基壬基苯氧基丙醇聚氧乙烯醚硫酸铵（SE-10N）、氨水、去离子水。

3.4.4 实验步骤

本实验分两组进行，第一组丙烯酸丁酯用量为 25 g，第二组丙烯酸丁酯用量为 20 g。

基本配方：丙烯酸丁酯（BA）和甲基丙烯酸甲酯（MMA）用量总和：50 g，丙烯酸（AA）：1 g，HEMA：1 g，AMPS：0.25 g，碳酸氢钠：0.15 g，APS：0.3 g，去离子水：60 g。

引发剂的配制：10 mg/mL 的 $K_2S_2O_8$ 水溶液。

在装有温度计、冷凝管、滴加装置的三口反应瓶中加入 30 mL 去离子水，升温至 70 ℃，加入 15%混合单体、SE-10N、$NaHCO_3$，以 300 r/min 左右搅拌速度搅拌约 10 min，升温至 80 ℃，加入 20%的引发剂溶液，保温 1 h。然后滴加剩余单体和引发剂，2 h 滴完。保温反应 0.5 h 后升温至 90 ℃，再保温反应 1 h。降温至 40 ℃以下，用氨水调节 pH 为 7～8，出料。

产物溶液的固含量测定：自制锡箔纸槽，取丙烯酸酯乳液 5.0 g，将其放在 100 ℃烘箱中烘干，通过计算烘干前后样品质量的变化来计算固含量。

漆膜实验：取一洁净打磨的马口铁板，按照标准成膜，待水挥发 20 min 后，将马口铁板放入 60 ℃烘箱干燥 1 h，测试涂层的硬度、柔韧性、附着力，并与另一组实验进行对比。

3.4.5　思考题

（1）可以采用哪些方法来实现无皂乳液聚合？

（2）在丙烯酸酯乳液中，各单体对产品性能有何影响？

3.5　丙烯酰胺溶液聚合

3.5.1　实验目的

（1）掌握溶液聚合的方法及原理。

（2）学习如何正确选择溶剂。

（3）掌握丙烯酰胺溶液聚合的方法。

3.5.2　实验原理

将单体溶于溶剂中而进行聚合的方法称为溶液聚合。生成聚合物有的溶解、有的不溶，前一种情况称为均相聚合，后者则称为沉淀聚合。自由基聚合、离子型聚合和缩聚均可用溶液聚合的方法。

与本体聚合相比，溶液聚合体系具有黏度低、搅拌和传热比较容易、不易产生局部过热、聚合反应容易控制等优点。但由于溶剂的引入，溶剂的回收和提纯使聚合过程复杂化。只有在直接使用聚合物溶液的场合，如涂料、胶黏剂、浸渍剂、合成纤维纺丝液等，使用溶液聚合才最为有利。

进行溶液聚合时，由于溶剂并非完全惰性，对反应会产生各种影响，选择溶剂时要注意其对引发剂分解的影响、链转移作用、对聚合物的溶解性能的影响。

丙烯酰胺为水溶性单体，其聚合物也溶于水，本实验采用水为溶剂进行溶液聚合。与以有机物作溶剂的溶液聚合相比，具有价廉、无毒、链转移常数小、对单体和聚合物的溶解性能好的优点。聚丙烯酰胺是一种优良的絮凝剂，水溶性好，广泛应用于石油开采、选矿、化学工业及污水处理等方面。

合成聚丙烯酰胺的化学反应简式如下：

$$n\,H_2C{=}\underset{H}{C}{-}\underset{\underset{O}{\|}}{C}{-}NH_2 \xrightarrow[H_2O]{(NH_4)_2S_2O_8} \left[\overset{H_2}{C}{-}\overset{H}{\underset{\underset{O=C-NH_2}{|}}{C}} \right]_n$$

3.5.3 实验仪器和药品

（1）仪器：三口瓶、球形冷凝管、温度计、搅拌器、烧杯、一次性杯子、玻璃棒。

（2）药品：丙烯酰胺、甲醇、过硫酸铵。

3.5.4 实验步骤

（1）在 100 mL 三口瓶上，装上搅拌器和水冷凝管。将 2.5 g（0.035 mol）丙烯酰胺和 20 mL 蒸馏水加入反应瓶中，开动搅拌，加热至 30 ℃使单体溶解。

（2）称取 0.013 g 过硫酸铵于一洁净烧杯中，加入 5 mL 蒸馏水使之完全溶解，将溶解好的引发剂溶液加入到反应瓶中，用 5 mL 蒸馏水冲洗烧杯，冲洗液一并加入反应瓶中。

（3）逐步升温至 90 ℃，并保温反应 1 h，聚合物便逐渐生成。

（4）反应完毕后，将得到的产物倒入盛有 80 mL 甲醇的 200 mL 烧杯中，边倒边搅拌，这时聚丙烯酰胺便沉淀出来。静置片刻，向烧杯中加入少量甲醇，观察是否仍有沉淀生成。若还有，则可再加少量甲醇，使聚合物沉淀完全。

（5）过滤，沉淀用少量甲醇洗涤后转移到表面皿上，在 30 ℃真空烘箱中干燥至恒重。称重，计算产率。

3.5.5 思考题

（1）进行溶液聚合时，选择溶剂应注意哪些问题？

（2）工业上在什么情况下采用溶液聚合？

（3）如何选择引发剂，选择引发剂需考虑哪些因素？

3.6　酚醛树脂的缩聚

3.6.1　实验目的

（1）学习逐步聚合的原理、实验方法。

（2）熟悉不同催化条件制备酚醛树脂的方法。

3.6.2　实验原理

以酚类和醛类化合物缩合聚合得到的树脂，一般统称为酚醛树脂，是世界上最早实现工业化的树脂。由于工艺简单，加工方便，性能优异，因此，迄今为止仍为工业生产中不可缺少的材料，在塑料中仍占有相当重要的地位。

由于树脂的形成反应比较复杂，到现在它的化学过程仍未完全弄清，因此它的结构是非常复杂的。酸催化时，酚过量，则生成线型酚醛树脂；碱催化时，醛过量，则生成体型酚醛树脂。

3.6.3　实验仪器和药品

（1）仪器：大试管、烧杯、温度计、电热套、量筒等。

（2）药品：苯酚、甲醛、浓盐酸、浓氨水。

3.6.4　实验步骤

（1）安装仪器。

（2）在大试管中加入苯酚 2.5 g 和 40%的甲醛溶液 2.5 mL，然后加入 1 mL 浓盐酸，用带玻璃导管的塞子塞好。

（3）在另一支大试管中加入苯酚 2.5 g 和 40%的甲醛溶液 3～4 mL，然后加入 1 mL 氨水，用带玻璃导管的塞子塞好。

（4）将两只大试管置于水浴中加热，记录下反应现象（可以看到混合物开始剧烈沸腾）。

（5）等反应平稳进行时，继续加热，直到混合物变为混浊，生成不溶于水的树脂。

（6）从水浴中取出试管，冷却，将试管中的混合物倒入蒸发皿中，使混合物静置分层，倒去上层的水，得到下层的酚醛树脂，观察形态和颜色。

3.6.5 实验注意事项

（1）由于反应激烈，反应物可能会从玻璃导管中喷出，所以反应剧烈时，适当取出试管，减缓反应速度，避免喷液。

（2）水浴水面要高于体系的液面。

3.6.6 思考题

简述制备酚醛树脂时，采用酸催化和碱催化的差别。

3.7 双酚 A 型低分子量环氧树脂的制备

3.7.1 实验目的

掌握双酚 A 型低分子量环氧树脂的制备条件、环氧值测定方法及计算。

3.7.2 实验原理

2～3、2～4 及以上多官能团体系单体进行缩聚时，先形成可溶可熔的线型或支链低分子树脂，反应如继续进行，则形成体型结构，成为不溶不熔的热固性树脂。体型聚合物由于交联将许多低分子以化学键连成一个整体，所以具有耐热性和尺寸稳定的优点。

体型缩聚也遵循缩聚反应的一般规律，具有“逐步”的特性。

以 2～3 或 2～4 官能度体系为原料的缩聚反应如酚醛、醇酸树脂等在树脂合成阶段，反应程度应严格控制在凝胶点以下。

以 2～2 官能度为原料的缩聚反应先形成低分子线型树脂（即结构预聚物），分子量约数百到数千，在成型或应用时，再加入固化剂或催化剂交联成体型结构。属于这类的有环氧树脂、聚氨酯泡沫塑料等。

环氧树脂是环氧氯丙烷和二羟基二苯基丙烷（双酚 A）在氢氧化钠（NaOH）的催化作用下不断地进行开环、闭环得到的线型树脂，其反应式为

$$n\,\underset{\diagdown O \diagup}{CH_2-CH}-CH_2Cl + n\,HO-\langle\bigcirc\rangle-\overset{CH_3}{\underset{CH_3}{\overset{|}{\underset{|}{C}}}}-\langle\bigcirc\rangle-OH \xrightarrow{NaOH}$$

$$\underset{\diagdown O \diagup}{CH_2-CH}-CH_2\left[O-\langle\bigcirc\rangle-\overset{CH_3}{\underset{CH_3}{\overset{|}{\underset{|}{C}}}}-\langle\bigcirc\rangle-O-CH_2-\underset{OH}{\underset{|}{CH}}-CH_2\right]_n$$

$$O-\langle\bigcirc\rangle-\overset{CH_3}{\underset{CH_3}{\overset{|}{\underset{|}{C}}}}-\langle\bigcirc\rangle-OCH_2-\underset{\diagdown O \diagup}{CH-CH_2}$$

其中，n 一般在 0～12 之间，分子量相当于 340～3 800，n=0 时为淡黄色黏滞液体，$n \geq 2$ 时则为固体。n 值的大小由原料配比（环氧氯丙烷和双酚 A 的摩尔比）、温度条件、氢氧化钠的浓度和加料次序来控制。

环氧树脂黏结力强，耐腐蚀、耐溶剂、抗冲性能和电性能良好，广泛用于黏结剂、涂料、复合材料等。环氧树脂分子中的环氧端基和羟基都可以成为进一步交联的基团，胺类和酸酐是使其交联的固化剂。乙二胺、二亚乙基三胺等伯胺类含有活泼氢原子，可使环氧基直接开环，属于室温固化剂。酐类（如邻苯二甲酸酐和马来酸酐）作为固化剂时，因其活性较低，须在较高的温度（150～160 ℃）下固化。本实验制备环氧值为 0.45 左右的低分子量环氧树脂。

3.7.3 实验仪器和药品

（1）仪器：三口瓶、滴液漏斗、分液漏斗、冷凝管、锥形瓶、移液管、电动搅拌器、温度计、减压蒸馏装置、恒温水浴、油浴。

（2）药品：环氧氯丙烷、双酚 A、氢氧化钠、甲苯、去离子水。

3.7.4 实验步骤

1. 双酚 A 型环氧树脂的制备

将 23 g 双酚 A 和 28 g 环氧氯丙烷依次加入装有搅拌器、滴液漏斗和温度计的 250 mL 三口瓶中。用水浴加热，并开动搅拌器，使双酚 A 完全溶解，当温度升至 55 ℃时，开始滴加 40 mL、20%的 NaOH 溶液，约 0.5 h 滴加完毕。此时温度不断升高，必要时可用冷水冷却，保持反应温度 55～60 ℃，滴加完后，继续保持 55～60 ℃，反应 3 h。此时溶液呈乳黄色，加入甲苯 800 mL，搅拌，使树脂溶解后移入分液漏斗，静置后分去水层，再用水洗两次，将上层甲苯溶液倒入减压蒸馏装置中，然后在减压下蒸馏以除去所有挥发物，直到油浴温度达 130 ℃而没有馏出物时为止。趁热将烧杯中的树脂倒出，冷却后得琥珀色透明的、黏稠的环氧树脂，称重并计算产率。

2. 环氧值的测定

准确称取环氧树脂 0.5 g 左右，放入装有磨口冷凝管的 250 mL 锥形瓶中，用移液管加入 20 mL、0.2 mol/L 盐酸吡啶溶液，装上冷凝管，待样品全部溶解后（可在 40～50 ℃水浴上加热溶解），回流加热 20 min，冷至室温，以酚酞为指示剂，用 0.1 mol/L 标准 NaOH 溶液，滴至呈粉红色为止。用同样的操作做一次空白实验并计算环氧值。

$$环氧值=\frac{(V_0-V_1)M}{10m}$$

式中 V_0——空白滴定所消耗的 NaOH 标准溶液的体积数，mL；

V_1——样品滴定消耗的 NaOH 标准溶液的体积数，mL；

M——NaOH 标准溶液的浓度，mol/L；

m——样品质量，g。

3.7.5　注意事项

（1）开始滴加时速度要慢，否则会形成不易分散的固体。

（2）这时有一部分盐析出，不要将它倒入分液漏斗中，以免堵塞和不易分层。

（3）如冷却后树脂黏度大，就不易倒净，应立即用丙酮清洗树脂瓶（注意回收丙酮）。

（4）称取环氧树脂最好用减量法，即先称量瓶和树脂的总质量，然后再取出一部分树脂再称量，它们之间的差就是取出树脂的质量。环氧树脂是一种黏稠的液体，所以可以用小玻璃棒（长 5～6 cm）挑起约黄豆大小一粒（约 0.5 g），挑起后用手旋转，将拉出的丝卷在一起，千万不要一拉很远，这样既污染了天平台面，又造成称量不准，小玻璃棒和树脂可一起投入锥形瓶中。

3.7.6　思考题

（1）环氧树脂的反应机理及影响合成的主要因素是什么？

（2）什么是环氧当量及环氧值？

（3）试将 50 g 实验中合成的环氧树脂用乙二胺进行固化，如果乙二胺过量 10%，则需要等当量的乙二胺多少克？

3.8　膨胀计法测定苯乙烯自由基聚合反应速率

3.8.1　实验目的

（1）了解膨胀计法测定聚合反应速率的原理。

（2）掌握膨胀计的使用方法。

（3）掌握动力学实验的操作及数据处理方法。

3.8.2 实验原理

自由基聚合反应是合成聚合物的重要反应之一，目前世界上，由自由基聚合反应得到的合成聚合物的数量居多。因此，研究自由基反应动力学具有重要意义。

聚合速率可由直接测定反应的单体或所产生的聚合物的量求得，这被称为直接法；也可以从伴随聚合反应的物理量的变化求出，此被称为间接法。前者适用于各种聚合方法，而后者只能用于均一的聚合体系。直接法能够连续、精确地求得聚合物初期的聚合反应速率。

对于均一的聚合体系，在聚合反应进行的同时，体系的密度、黏度、折光度、介电常数等也会发生变化。本实验就是依据密度随反应物浓度变化的原理而测定聚合速率的。聚合物的密度通常也比其单体大，通过观察一定量单体在聚合时的体积收缩就可以计算出聚合速率。一些单体和聚合物的密度变化见表 3.2。

表 3.2 单体和聚合物的密度

单体	密度（25 ℃）/（g·mL^{-1}）		体积收缩/%
	单体	聚合物	
丙烯酸甲酯	0.952	1.223	22.1
醋酸乙烯*	0.934	1.191	21.6
甲基丙烯酸甲酯	0.940	1.179	20.6
苯乙烯	0.905	1.062	14.5
丁二烯*	0.627 6	0.906	44.4

注：*为 20 ℃时数据。

为了增大比容随温度变化的灵敏度，观察体积收缩是在一个很小的毛细管中进行的，测定所用的仪器称为膨胀计（图 3.1）。

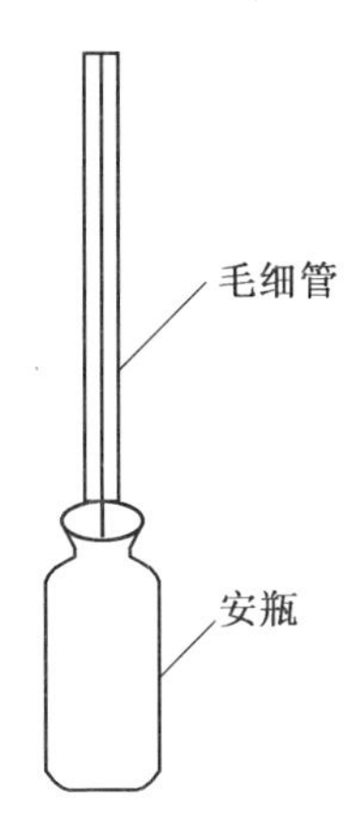

图 3.1　玻璃膨胀计示意图

膨胀计主要由两部分组成，下部是聚合容器，上部连有带有刻度的毛细管。将加有定量引发剂的单体充满膨胀计，在恒温水浴中聚合，单体转变为聚合物时密度增加，体积收缩，毛细管内液面下降。每隔一定时间记录毛细管内聚合混合物的弯月面的变化，可将毛细管读数按一定关系式对时间作图。再根据单体浓度，从而求出聚合总速率的变化情况。动力学研究一般限于低转化率，在 5%～10%及以下。

根据“等活性理论”“稳态”“大分子链很长”三个基本假定，在引发速率与单体浓度无关时，引发剂引发的聚合反应速率方程式如下：

$$R_{\mathrm{p}}=\frac{\mathrm{d}[M]}{\mathrm{d}t}=K_{\mathrm{p}}\left(\frac{fK_{\mathrm{d}}[I]}{K_{\mathrm{t}}}\right)^{\frac{1}{2}}[M] \tag{3.1}$$

式中　K_{p}——链增长反应常数；

K_{d}——引发剂分解常数；

K_{t}——链终止反应速率常数；

$[I]$——引发剂浓度；

$[M]$——单体浓度；

f——引发效率。

在低转化率下，假定$[I]$保持不变，并将诸常数合并，得到

$$\frac{\mathrm{d}[M]}{\mathrm{d}t}=K[M] \tag{3.2}$$

其中，

$$K=K_{\mathrm{p}}\left(\frac{fK_{\mathrm{d}}[I]}{K_{\mathrm{t}}}\right)^{\frac{1}{2}}$$

经积分得

$$\ln\frac{[M]_0}{[M]_t}=K_{\mathrm{t}} \tag{3.3}$$

式中　$[M]_0$、$[M]_t$ ——单体的起始浓度、t 时浓度。

设膨胀计的体积（即苯乙烯的起始体积）为 V_0，苯乙烯完全聚合后的体积为 V_∞，则（V_0-V_∞）就是苯乙烯转化成聚苯乙烯时总的体积收缩量，而 t 时刻所能达到的体积收缩量为（V_t-V_∞），由于（V_0-V_∞）和（V_t-V_∞）分别与单体的起始浓度$[M]_0$ 和 t 时剩下的苯乙烯浓度$[M]_t$相对应，将它们分别代入式（3.3）得

$$\ln\frac{V_0-V_\infty}{V_t-V_\infty}=K_{\mathrm{t}} \tag{3.4}$$

由于膨胀计毛细管的刻度是长度单位，故将上式分子、分母分别除以毛细管的横截面积即变换成以长度表示的计算式：

$$\ln\frac{L_0-L_\infty}{L_t-L_\infty}=K_{\mathrm{t}} \tag{3.5}$$

由式（3.1）可知，聚合反应速率对单体浓度为一级反应。则$\ln\frac{L_0-L_\infty}{L_t-L_\infty}$对 t 作图为一直线，其斜率等于 K。而单体浓度已知，这样根据式（3.2）就可以计算出反应速率 R_{p}，又因为

$$K = K_p \left(\frac{fK_d[I]}{K_t} \right)^{\frac{1}{2}} \tag{3.6}$$

假定引发效率 f 为 0.8，K_d 值在“偶氮二异丁腈分解速率的测定”的实验中已测得，$[I]$的浓度已知。将这些数值代入式（3.6），就可以求得 $\left(\frac{K_p}{K_t} \right)^{\frac{1}{2}}$ 值。这是一个重要数值，它反映了聚合反应的特征，在相同引发效率下，聚合速率与 $\left(\frac{K_p}{K_t} \right)^{\frac{1}{2}}$ 值成正比。

3.8.3　实验仪器和药品

（1）仪器：膨胀计、锥形瓶、温度计、恒温水浴。

（2）药品：苯乙烯、偶氮二异丁腈（重结晶）、乙醚。

3.8.4　实验步骤

在干净的 150 mL 锥形瓶中，用移液管取比膨胀计体积稍多的新蒸馏的苯乙烯，准确取 0.1%重结晶的偶氮二异丁腈，待偶氮二异丁腈溶解完全后，小心装满膨胀计，达到毛细管最下面的刻度即可，将膨胀计的活塞封死，不能漏液。然后将膨胀计固定在（80±0.1）℃的恒温水浴中，使毛细管伸出到外面。此时，膨胀计的苯乙烯受热膨胀，沿毛细管上升，充满后将溢出的苯乙烯用滤纸拭去。

苯乙烯液体一经达到热平衡，体积就开始缩小。此时应注意观察，以开始收缩时作为零时刻，同时开动秒表，每隔 1 min 记录一次液体弯月面的刻度，直至液体通过毛细管的全部刻度。

实验一结束，就应取出膨胀计，倒出聚合混合液，小心用乙醚反复清洗三次，以防进一步聚合堵塞毛细管。洗净后，放入烘箱中烘干，留作下一组用。

1. 数据处理

（1）计算 L_0 值，即苯乙烯的起始体积所能装满的毛细管的高度。

$$L_0 = \frac{V_0}{A}$$

式中 V_0——膨胀计的体积，可由在一定温度下装满水的质量之差求出，或者通过滴定管滴定；

A——毛细管的横截面积，可由吸入一定长度的汞柱的质量差求得（这两个数据由老师给出）。

（2）计算 L_∞值，即完全聚合聚苯乙烯的体积所能装满的毛细管的高度。

$$L_\infty = \frac{V_\infty}{A}$$

而

$$V_\infty = \frac{\text{苯乙烯质量}}{\text{聚苯乙烯密度}} = \frac{V_0 \cdot d(\text{苯乙烯}, 80\ ℃)}{d(\text{聚苯乙烯}, 80\ ℃)}$$

不同温度下苯乙烯和聚苯乙烯的密度见表 3.3。

表 3.3　不同温度下苯乙烯和聚苯乙烯的密度

温度/℃	25	70	80
苯乙烯密度/（$g \cdot mL^{-1}$）	0.905	0.806	0.851
聚苯乙烯密度/（$g \cdot mL^{-1}$）	1.062	1.046	1.044

注：$d_{苯乙烯}$=0.924 0−0.000 918t（℃）

（3）记录的实验数据处理见表 3.4。

表 3.4　记录的实验数据处理

t/min	刻度读数	L_t=L_0	$\ln\frac{L_0 - L_\infty}{L_t - L_\infty}$

（4）作图。

选择时间间隔相同的实验数据，以 $\ln\frac{L_0 - L_\infty}{L_t - L_\infty}$ 对时间 t 作图，应得到一条直线，

其斜率就是 K。

最后分别求出聚合反应速率 R_p 和常数 $\left(\frac{K_p}{K_t}\right)^{\frac{1}{2}}$ 之值。

2. 注意事项

（1）加入引发剂的量是以苯乙烯的质量为基准的，应力求计算和称量准确，否则影响实验数据。

（2）使用和清洗膨胀计应十分小心，不要损坏仪器。

（3）实验一结束，就应立即清洗膨胀计，以免聚合物堵塞毛细管。

（4）实验结束后，应等膨胀计凉至室温再拧开旋钮，否则膨胀计易损坏。

3.8.5　思考题

（1）实验求出的 $\left(\frac{K_p}{K_t}\right)^{\frac{1}{2}}$ 值，除了推导动力学的三个基本假定外，在处理时还使用了哪些假定？

（2）讨论本实验引起误差的主要原因及改进意见。

（3）本体聚合的特点是什么？本体聚合对单体有何要求？

（4）对于高转化率情况下的自由基聚合反应能用膨胀计法研究吗？

3.9　复合材料飞机垂尾热压罐成型虚拟仿真

3.9.1　实验目的

（1）能综合运用复合材料专业相关知识，分析复合材料的组成、结构和性能，将材料加工与材料性能研究相结合，锻炼学生综合分析问题能力。

（2）通过文献研究分析，能够综合利用所学专业知识针对特定需求的产品进行实验制备流程和加工工艺流程设计，制订合理的实验方案，并能够在实验设计环节中体现创新意识，考虑社会、健康、安全、法律、文化以及环境等因素。

（3）掌握不同复合材料的制备、改性与加工方法，能够根据实验方案选择正确的实验仪器、制备或加工条件、实验操作流程，搭建实验平台，安全有序地开展、完成实验内容，并正确地采集实验数据。

（4）能够使用恰当的仪器设备和信息资源对制备的复合材料性能进行检测评估，并能对性能检测数据进行计算、分析，建立性能、结构与工艺条件的关系。

3.9.2 实验原理

该实验围绕复合材料在航空航天零部件领域的应用，以飞机垂尾为例，设计了预浸料制备和飞机垂尾热压罐成型两大模块。

1. 环氧树脂配方设计

预浸料所用环氧树脂体系要求在室温时呈半固态，加热时可流动。

用于制备预浸料的环氧树脂典型配方见表3.5。

表3.5 环氧树脂典型配方表

材料类型	名称	配方1（质量份）	配方2（质量份）	配方3（质量份）	配方4（质量份）
环氧树脂	环氧树脂E51	100	67	67	67
	环氧树脂CYD-011	—	33	33	33
固化剂	双氰胺	7	—	—	—
	甲基纳迪克酸酐	—	48～51	48～51	48～51
促进剂	二甲基脲	1	—	—	—
	2-乙基-4-甲基咪唑	—	1	—	—
	苄基三乙基氯化铵	—	—	2	—
	2,4,6-三（二甲胺基甲基）苯酚	—	—	—	1
增韧剂	邻苯二甲酸二庚酯	2～10	2～10	2～10	2～10

2. 预浸料的制备

由纤维束拼成所需的含量及宽度，然后经纤维架将纤维均匀分开，通过张紧辊将纤维浸入加热的树脂中，纤维浸透树脂后经过挤胶辊和张力辊缠绕在辊筒上，烘干，铺覆脱模布或者离型纸，后经裁剪后展开，然后经卷取器卷取成卷轴状。预浸料的制备示意图如图 3.2 所示。

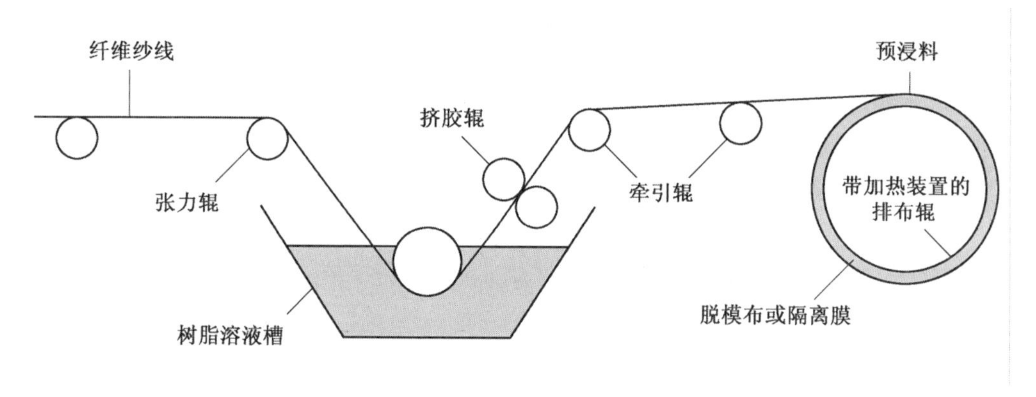

图 3.2　预浸料的制备示意图

3. 热压罐成型

树脂基复合材料热压罐成型是将单层预浸料按预定方向铺叠成的复合材料坯料（有时还增加蜂窝夹芯结构或胶接结构）用真空袋密封在模具上，之后抽真空，置于热压罐中，在一定温度和压力下完成固化的工艺方法。

热压罐设备的基本结构示意图和实体设备图如图 3.3 所示。

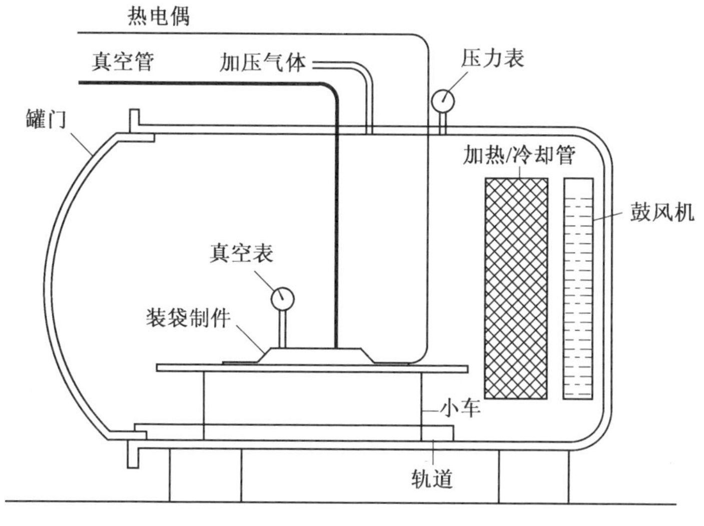

（a）热压罐设备的基本结构示意图

图 3.3　热压罐设备的基本结构示意图和实体设备图

（b）实体设备图

续图 3.3

热压罐成型模具根据制件形状而定。外表面要求光滑的制件常用阴模；反之，则用阳模。飞机垂尾用阴模。

真空袋封装系统示意图如图 3.4 所示。

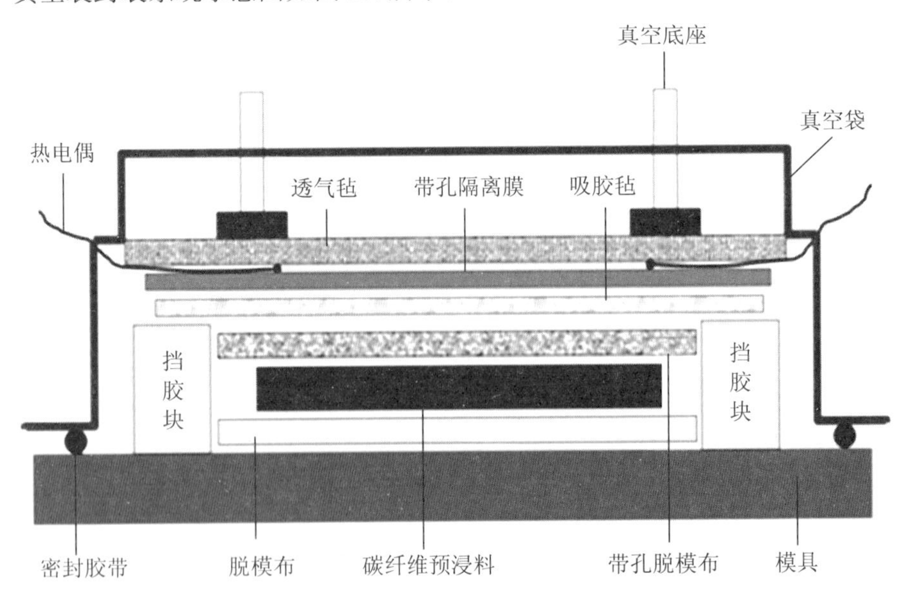

图 3.4　真空袋封装系统示意图

加热作用：热固性树脂受热后，经软化流动阶段，转变成凝胶态和玻璃态（完全固化）。

抽真空和加压作用：通常在固化前开始抽真空，并在凝胶转变之前的某一时刻施加压力。可将预浸料中的空气、挥发物和多余树脂排出，使制品气孔少且密实。

碳纤维增强环氧树脂复合材料的典型热压罐固化工艺曲线如图 3.5 所示。

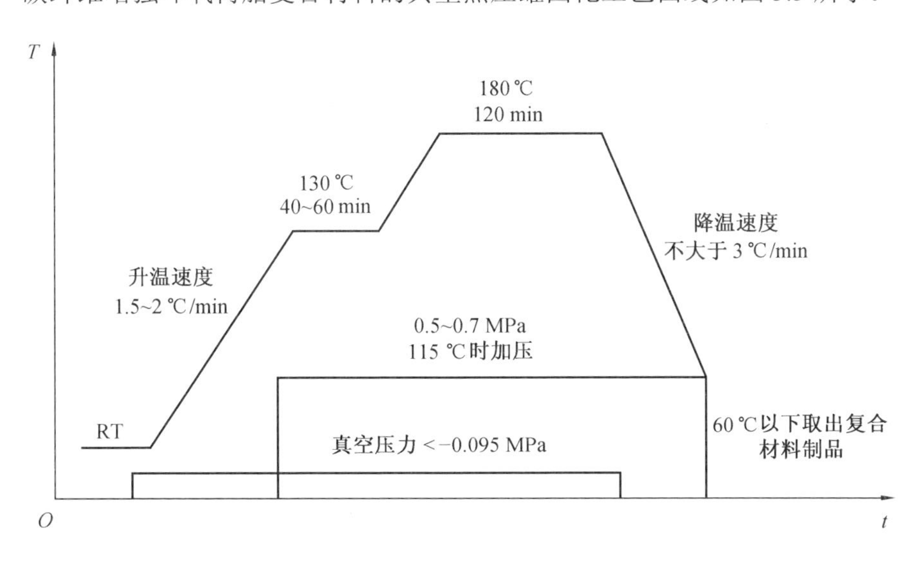

图 3.5　碳纤维增强环氧树脂复合材料的典型热压罐固化工艺曲线

4. 热压罐成型制品缺陷控制

（1）分层：设计和工艺上减小残余应力，提高树脂韧性。

（2）孔隙、疏松、气孔：控制树脂压力，在预浸料层间形成有效的气路。

（3）富脂、贫胶：改善树脂流变特性，调节预浸料含胶量、封装和加压均匀性。

（4）变形：调整铺层设计，优化工艺参数。

3.9.3　实验设备

学生使用计算机访问《复合材料飞机垂尾热压罐成型虚拟仿真》教学项目（http://210.35.33.19）。

3.9.4 实验内容

本虚拟实验综合了树脂配制实验、预浸料制备实验、预浸料性能检测、复合材料热压罐成型实验、复合材料飞机垂尾性能检测等多种实验的方法，涉及材料的选择和设计、中间材料的制备、复合材料的结构设计、复合材料制品的成型工艺过程及参数控制、材料及制品的性能检测等实验内容所用到的设计、制备、检测等方法。

学生交互性操作步骤：整个实验分为工艺原理及设备、预浸料制备、飞机垂尾热压罐成型三大模块，共16个步骤。

1. 工艺原理及设备知识学习

实验网站平台上有：电子教材、课程教案、操作手册、教学指导书等学习资源供学生学习，让学生在实验前进行充分预习，加强知识点的理解和掌握。该模块主要内容为实验相关知识介绍，包括实验目的、实验步骤、实验简介、实验对象介绍。通过这一部分的学习，学生可以对实验的总体有初步的了解。软件会自动记录学生的学习情况，智能评分，并在实验报告中生成。

在实验项目首页信息中有教学团队成员和技术人员热线支持电话，可对学生在操作软件过程中遇到的问题提供技术支持。

“实验前准备”学习结束后，点击进入“设备学习”模块。在该模块中，以文字介绍方式分别展示了排布机和热压罐的结构特征、工作原理、操作规程、主要技术指标等相关内容。

2. 设备结构分解

在该模块中，学生可对热压罐成型设备八大系统结构分解和操作进行学习。学生可以先在三维场景中漫游，自由切换视角，查看设备，了解设备基本情况。学生自由选择八大系统：“抽真空系统”“卸真空系统”“加压系统”“卸压系统”“加热系统”“冷却系统”“热压罐体”“控制系统”。选择系统后，在三维场景中查看气体或液体等介质在设备管道内流动动画，了解设备运行原理；根据“步骤说明”

提示在三维场景中对各个系统进行对应的操作，启动该系统后，可在三维场景中查看系统运行过程。

在“设备学习”和“设备结构分解”模块的自主学习之后，学生进入“考核答题”环节，对该实验相关知识进行在线答题，软件进行智能判别。若答题错误，将进行智能扣分，并会反馈在实验报告内容中；同时软件将进行智能提示，将正确答案予以显示，让学生充分学习并掌握相应的知识内容。答题部分根据该实验知识重点，每次实验从题库中随机抽出选择题 5 道、判断题 5 道。软件记录学生的答题情况生成得分，并显示在实验报告中。

3. 排布机准备

此部分以及之后的步骤、实验均在三维场景内进行。软件预先将该步骤涉及的各个设备以 Maya 仿真建模的方式，建立在虚拟场景中。

进入“排布机准备”实验步骤后，根据操作提示用软布清理排布辊上的杂物，在排布辊上铺放并贴上隔离布，布置碳纤维纱；学习碳纤维纱的排布方式，完成排布机的准备工作。

4. 配制树脂胶液

在软件页面上有配制树脂胶液的各种材料和助剂，点击材料，软件会显示对应材料的介绍，可在合理范围内自由输入树脂基体配比。设置完树脂基体后，针对基体材料选择合适的固化剂、促进剂、增韧剂，并根据页面提示不同助剂对树脂的性能影响，选择合适的加入量。

5. DSC 测试

配方设定完成后，会生成与配方对应的差示扫描量热（DSC）曲线，以及配方评价。学生可根据配方评价修改配方重新生成。选择不同升温速率下的 DSC 曲线，将不同升温速率下的 DSC 曲线特征温度拟合成直线，得到 0 ℃/min 下的特征温度，即作为热压罐固化温度设定的参考值。

6. 制备预浸料

在虚拟场景中，首先向树脂搅拌桶中加入配制好的树脂，然后在控制面板上设定各个排布参数，其中包括温度设定：搅拌桶温度、胶槽温度、烘干温度，以及通过设定纤维纱宽度、纤维纱间距、排纱辊转速得到行走机构排布运行速率，最后选择张力值。设定完成后可点击“运行”开始制备预浸料。学生可以在三维场景中自由移动视角，通过动画观察纤维的运行过程及浸胶过程。

运行结束后，软件会对排布结果进行分析。对不佳的设定参数标红，并进行相应的分析说明，可以重新调整工艺参数，再次运行排布机制备预浸料。

7. 测试预浸料性能

进入该步骤实验后，右侧数据记录表格中列有检测的项目，并高亮显示当前项目；页面左下方显示当前检测步骤的说明及计算方法。学生可根据三维场景中的高亮提示，点击模型进行预浸料性能测试。

8. 热压罐准备

首先在三维场景中进行热压罐准备工作：检查管路、检查仪表、检查阀门、检查罐体等。确认检查无误后进入下一步实验。

9. 模具准备

热压罐设备检查无误后，开始模具的准备工作。

10. 预浸料裁剪铺叠

首先对预浸料铺层进行设计。选择合适的复合材料厚度后，计算铺层层数输入到软件中。软件页面有“计算方法”提示，学生可以点击查看，如计算过程遇到困难，可点击“默认数值”按钮，直接得到正确的铺层层数。如点击“默认数值”按钮，则当前步骤不得分。学生可查阅不同铺层方式的说明，并选择正确的铺层方式。设置完成后，可查看预浸料的裁剪及铺叠过程，将裁剪好的预浸料揭去保护膜，按照规定次序和方向依次铺叠完所设计层数的预浸料。

11. 辅料裁剪铺叠

实验页面中有五种辅助材料（带孔脱模布、吸胶毡、隔离膜、透气毡、热电偶）供学生选择，自主设计铺叠顺序并提交。点击“参考样例”按钮查看正确的铺叠方法。辅料铺叠提交完成后，可在三维场景中查看学习辅料的铺叠过程。

12. 封装抽真空

进入该模块后，可根据提示信息，从工具库中取出真空底座进行安装，用真空袋套上预浸料坯料和各种辅助材料，最后安装上真空阀和真空管。按照提示连接好真空管路并抽真空，检查真空袋和周边密封是否良好，使真空袋达到一定的真空度（真空压力小于-0.095 MPa）。

13. 模具入罐

进入模具入罐模块后，可根据提示先将真空袋系统送入热压罐中。根据提示完成罐门关闭、罐门旋紧、关闭安全联锁手柄，并且打开高压手阀以实现罐门的密封。完成上述步骤后，即可开始热压固化过程。

14. 热压固化

在热压固化模块中，首先进入参数设定界面。可以根据设置说明中的提示，在合理范围内自主设定固化参数。设置说明中的预固化、固化、后固化温度参考值即为实验步骤 5 中 DSC 曲线特征温度拟合直线得到的结果，学生以该值为参考进行设定。同样，学生也可点击“默认参数”按钮，使用默认参数进行热压成型，如使用默认参数则该步骤不得分。

点击“开始运行”后，页面上有热压罐模具温度及真空压力、罐内压力曲线。点击“参数设置”按钮，可查看“参数设置”，并实时进行参数修改，然后重新开始运行。

15. 出罐脱模

热压固化完成后，进入“出罐脱模”模块，根据实验提示打开罐门，推出装有模具的小车。将真空袋系统移出热压罐，去除各种辅助材料，取出制件。软件会根据前面实验步骤的操作过程，分析是否能正常脱模。如不能脱模，会指引学生回到未完成或错误的实验步骤，重新操作。全部操作正确之后，脱模正常，即可进入制品检测部分。

16. 制品检测

系统会自动判断并提示制品某一指标是否合格，如若不合格，页面会显示出制品缺陷。点击下一步，页面会显示系统根据热压罐设定参数分析制品缺陷的原因。学生根据缺陷类型，去调整相应的工艺或参数，从而使学生更进一步掌握相应的工艺及参数等细节内容。点击重新设置参数，可参考系统提示重新设置热压罐参数，再次进行热压罐成型过程。

3. 10 石墨烯/高分子光电材料的无人机电池制备虚拟仿真

3. 10. 1 实验目的

（1）掌握高分子光电材料的合成、石墨烯量子点制备、石墨烯/高分子光电复合材料制备和太阳能电池制备及光电性能检测等实验操作技能，理解先进材料的设计、制备与应用等知识。

（2）能自主完成实验过程，具备探索最佳实验条件、能对所得实验数据进行分析，并能对相关实验结果进行评价的能力。

（3）通过虚拟仿真亲历科研全流程，感受前沿热点，树立安全实验的意识、科学创新的使命感和专业责任感，激发“航空报国”的家国情怀。

3. 10. 2 实验原理

目前由于动力电池的技术问题，无人机飞行时间约为 20 min，续航是一个待提高的难题。而太阳能电池通过吸收太阳光即可为无人机持续提供电力。

本虚拟仿真实验的原理是：制备一种高分子光电材料与石墨烯量子点混合形成的纳米复合材料；然后将其沉积在硅晶片上形成异质结，蒸镀正、负极构成太阳能电池。本实验按照无人机太阳能电池制备的全流程划分为“单体材料合成”“高分子光电材料合成”“石墨烯量子点制备”“石墨烯/高分子光电复合材料制备”和“太阳能电池制备及光电性能测试”共五个既可独立操作，也可连续操作的仿真操作模块。

1. 在无水无氧环境下合成单体 A 的原理

化合物 1 和化合物 2 在无水无氧环境下合成单体 A 的实验原理如图 3.6 所示。

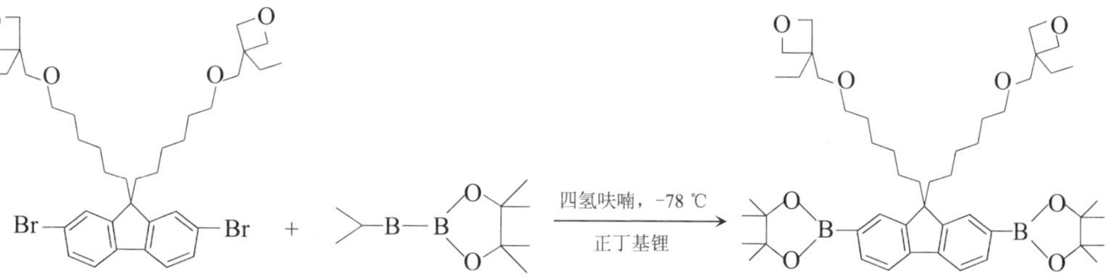

四氢呋喃，−78 ℃

正丁基锂

2,7-二溴-9,9′-二[3-乙基-3-(6-己基)甲基醚-氧杂环丁烷]芴
(化合物 1)

2-异丙氧基-4,4,5,5-四甲基-1,3,2-二氧杂环戊硼烷
(化合物 2)

2,7-二(4,4,5,5-四甲基-1,3,2-二氧杂硼烷-2-基)-9,9′-[3-乙基-3-(6-己基)甲基醚-氧杂环丁烷]芴
(单体 A)

图 3.6　化合物 1 和化合物 2 在无水无氧环境下合成单体 A 的实验原理

该实验涉及正丁基锂的使用。由于正丁基锂非常活泼，极易与空气中的氧气、水反应而爆炸，因此该实验操作须在无水无氧、低温（−78 ℃）等极端严苛条件下进行，这对于线下实验而言较难实现。单体 A 用薄层柱层析法分离提纯。

2. 溶液聚合法制备高分子光电材料的原理

单体 A 和单体 B 经溶液聚合制备高分子光电材料聚合物 cPFN 的实验原理如图 3.7 所示。

其中涉及施兰克线的搭建和过渡金属配合物催化剂的使用。该聚合反应耗时长（48 h），过渡金属配合物催化剂的价格昂贵（500 元/mg），属于高消耗实验操作。

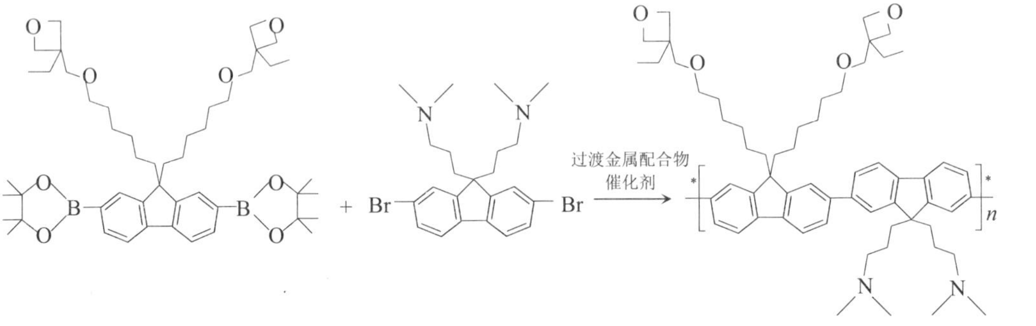

过渡金属配合物
催化剂

单体 A

2,7-二溴-9,9′-二(6′-N,N-二甲基胺基-丙基)芴
(单体 B)

聚{2,7-[9,9′-二(3′-乙基-3′-(6′-己基)甲基醚-氧杂环丁
芴]-共-2,7-[9,9′-二(6′-N,N-二甲基胺基-丙基)
(聚合物 cPFN)

图 3.7　单体 A 和单体 B 经溶液聚合制备高分子光电材料聚合物 cPFN 的实验原理

3. 水热法制备石墨烯量子点的原理

以石墨粉为原材料，通过改良的 Hummers 法制备氧化石墨烯；然后，通过管式炉热还原成石墨烯片；再通过水热法获得石墨烯量子点（GQDs），其原理如图 3.8 所示。

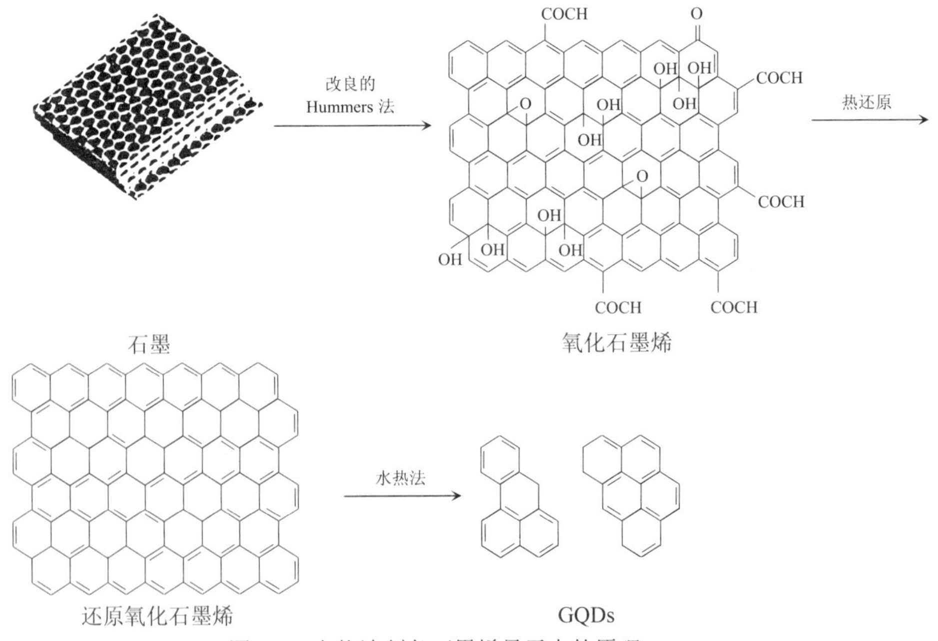

图 3.8　水热法制备石墨烯量子点的原理

其中涉及水热釜高压设备的使用，易爆，危险性大。

4. 石墨烯/高分子光电复合材料制备的原理

聚合物 cPFN 和石墨烯量子点共混制成复合材料，再加入光酸，引发复合材料交联固化成形。

5. 太阳能电池制备的原理

将石墨烯/高分子光电复合材料旋涂在硅片表面上，经紫外光/热固化，构成 pn 结（如图 3.9 所示）。通过电子束蒸发镀膜机蒸镀形成正、负电极，最终形成太阳能电池。

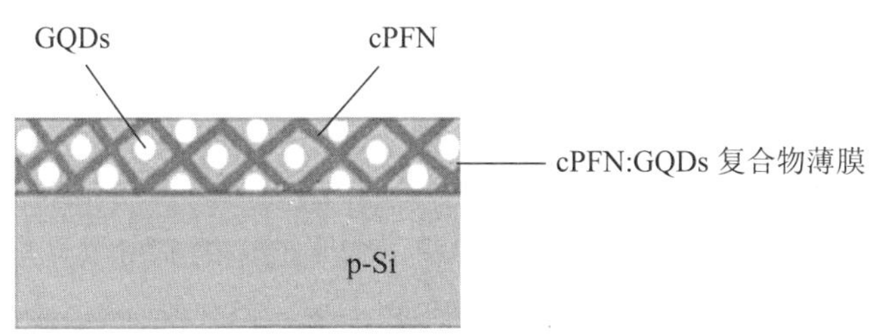

图 3.9　太阳能电池制备的原理

6. 电池为无人机提供动力的原理

检测电池的光电转换效率，当其值高于 13%时，可将该太阳能电池装配在军用、民用等各类无人机上使用。电池吸收太阳光，在 pn 结上产生光生电流，从而转化为电能，为无人机提供持续动力（图 3.10）。

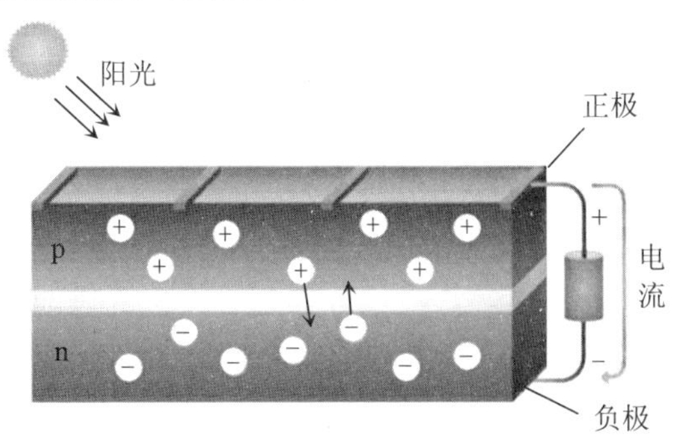

图 3.10　电池为无人机提供动力的原理

从上述原理分析可见，实验过程较复杂，实验涉及极端环境、高消耗、高危操作，不适宜现实演练，因此适合进行虚拟实验教学。

3.10.3 实验设备

学生使用计算机访问《石墨烯/高分子光电材料的无人机电池制备虚拟仿真》教学项目（http：//obe.jwc.nchu.edu.cn/schoolHome.do?schoolCode=nchkdxclkx）。

3.10.4 实验内容

学生在线上进行自主式、互动式学习，对无水无氧、施兰克线、薄层柱层析提纯材料和溶液聚合等操作进行仿真训练，熟悉水热釜、电子束蒸发镀膜机的使用方法，了解核磁、光谱反射率检测仪及太阳光模拟器等大型分析测试仪器的使用方法。既可就“单体材料合成”“高分子光电材料合成”“石墨烯量子点制备”“石墨烯/高分子光电复合材料制备”和“太阳能电池制备及光电性能测试”共五个仿真模块进行全流程操作实训，也可就其中某一模块的实验知识进行进阶式反复实践。学生根据实验中出现的问题在线上做个性化训练和提升。针对实验中的问题，师生可在线上进行实时讨论互动。

学生交互性操作步骤共 18 步，见表 3.6。

表 3.6 学生交互性操作步骤

序号	步骤名称	步骤/目标要求
1	实验前准备	了解实验室布局及危化品的保存方法。该步骤要求选择钠块存放的方式，选择正确可进行下一步，选择错误会爆炸
2	搭建施兰克线	要求会自主搭建实验装置
3	无水四氢呋喃的精制	要求掌握溶剂除水的操作方法。该步骤要求选择是否通氮气，选择正确可进入下一步，选择错误会爆炸
4	合成单体 A	要求掌握无水无氧反应的操作。该步骤涉及正丁基锂的安全使用，学生需选择正丁基锂的取用方式，选择错误会出现爆炸，选择正确可进行下一步

续表 3.6

序号	步骤名称	步骤/目标要求
5	薄层板分离	要求会选择合适的洗脱剂比例。该步骤要求对洗脱剂的比例进行选择，选择不同的比例会得到不同的分离结果
6	柱层析分离提纯单体	要求掌握提纯单体的操作
7	核磁测试	要求掌握核磁测试的基本操作方法
8	溶剂脱气处理	要求掌握溶剂除氧的操作方法
9	溶液聚合	要求掌握溶液聚合制备高分子材料的操作方法。该步骤要求正确设置单体 A 与单体 B 的配比参数，设置为 1∶1 摩尔比可得到高分子量的材料；其他设置得不到高分子量的材料
10	高分子材料分子量的测定	高分子材料分子量的测定：要求理解溶液聚合中单体配比对材料性能的影响
11	Hummers 法制备氧化石墨烯	要求掌握制备氧化石墨烯的操作方法。该步骤涉及浓硫酸的安全使用，当选择分批加入高锰酸钾时可顺利进行下一步，当一次性加入高锰酸钾时会喷料甚至爆炸
12	氧化石墨烯的还原	要求掌握还原氧化石墨烯的操作方法。该步骤要求选择气体的种类，选择正确可进行下一步实验，选择错误会爆炸
13	石墨烯量子点的制备	要求掌握制备石墨烯量子点的操作方法。该步骤涉及水热釜的使用，正确操作可进行下一步，错误操作会导致爆炸
14	石墨烯/高分子光电复合材料制备	要求掌握共混法制备纳米复合材料的方法
15	pn 结制备	要求会从材料的角度调控电池的性能。该步骤需要选择是否加入光酸，选择“加入”，可进行下一步，选择“不加入”，不能制备 pn 结
16	太阳能电池制备	要求掌握电子束蒸发镀膜机的使用方法
17	电池光电性能测试	要求掌握光谱反射率检测仪和太阳光模拟器检测电池性能的方法
18	把电池装配在无人机上试飞	要求理解电池的光电转换原理，会对电池的性能进行评估

第 4 章　高分子物理实验

4.1　黏度法测定聚合物的相对分子质量

黏度法是测定聚合物相对分子质量的方法，此法设备简单、操作方便，且具有较好的精确度，因而在聚合物的生产和研究中得到十分广泛的应用。本实验采用乌氏黏度计，用一点法测定水溶液中聚乙二醇的相对分子质量。

4.1.1　实验目的

通过本实验要求掌握黏度法测定高聚物分子量的基本原理、操作技术和数据处理方法。

4.1.2　实验原理

测定聚合物相对分子质量虽然方法很多，但各种方法都有它的优缺点和适用的局限性，由不同方法得到的相对分子质量的统计平均意义也不一样，见表 4.1。

表 4.1　相对分子质量的测定方法及其大致适用范围

测定方法	适用相对分子质量范围	平均相对分子质量
端基分析	3×10^4 以下	数均
沸点升高	3×10^4 以下	数均
冰点降低	3×10^4 以下	数均
气相渗透压	3×10^4 以下	数均
膜平衡渗透压	$5\times10^3\sim10^6$	数均
电子显微镜	5×10^5	数均

续表 4.1

测定方法	适用相对分子质量范围	平均相对分子质量
光散射	$>10^2$	重均
光小角衍射	$>10^2$	重均
超离子沉降平衡	$1\times10^4\sim10^6$	重均
超离子沉降速度	$1\times10^4\sim10^7$	各种平均
稀溶液黏度	$>10^2$	黏均
凝胶渗透色谱	$>10^2$	各种平均

采用稀溶液黏度法测定聚合物的相对分子质量，所用仪器设备简单、操作便利，适用的相对分子质量范围大，又有相当好的实验精确度，因此黏度法是一种广泛应用的测定聚合物分子量的方法。但它是一种相对方法，因为特性黏度与相对分子质量经验关系式中的常数要用其他测定相对分子质量的绝对方法予以制定，并且在不同的相对分子质量范围内，通常要用不同常数的经验式。

根据马克-哈温克经验公式：

$$[\eta]=KM_{\eta}^{\alpha} \tag{4.1}$$

若特性黏度$[\eta]$、常数 K 及α 值已知，便可利用上式求出聚合物的黏均分子量 M_{η}。K、α 是与聚合物、溶剂及溶液温度等有关的常数，它们可以从手册中查到。$[\eta]$值用本实验方法求得。

由经验公式：

$$\frac{\eta_{\mathrm{SP}}}{C}=[\eta]+k'[\eta]^2C \tag{4.2}$$

$$\frac{\ln\eta_{\mathrm{r}}}{C}=[\eta]-\beta[\eta]^2C \tag{4.3}$$

可知：溶液的浓度 C 与溶液的比浓黏度 $\frac{\eta_{\mathrm{SP}}}{C}$ 或与溶液的比浓对数黏度 $\frac{\ln\eta_{\mathrm{r}}}{C}$ 呈直线关系，如图 4.1 所示。

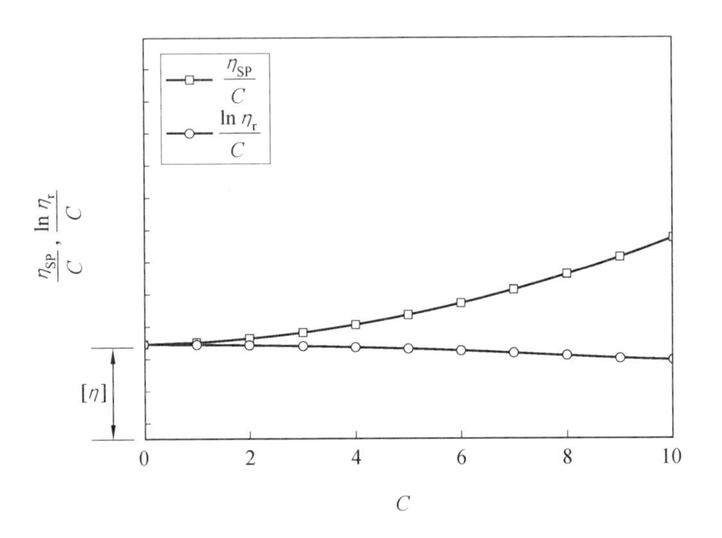

图 4.1　$\frac{\eta_{SP}}{C}$ 与 C 和 $\frac{\ln\eta_r}{C}$ 与 C 的关系图

在给定体系中 K'和β均为常数，这样以 $\frac{\eta_{SP}}{C}$ 对 C 或以 $\frac{\ln\eta_r}{C}$ 对 C 作图并将其直线外推至 C=0 处，其截距均为[η]。所以[η]被定义为溶液浓度趋近于零时的比浓黏度或比浓对数黏度。

式（4.4）中 η_r 称为相对黏度，即为在同温度下溶液的绝对黏度η与溶剂的绝对黏度η_0之比：

$$\eta_r = \frac{\eta}{\eta_0} \tag{4.4}$$

当在同温度下某稀溶液和纯溶剂分别流经同一毛细管的同一高度时，若所需时间分别为 t 和 t_0，且 t_0 大于 100 s，则

$$\eta_r = \frac{t}{t_0} \tag{4.5}$$

式（4.6）中 η_{SP} 称为增比黏度，它被定义为加入高聚物溶质后引起溶剂黏度增加的百分数，即

$$\eta_{SP}=\frac{\eta-\eta_0}{\eta_0}=\eta_r-1 \tag{4.6}$$

这样，只需测定不同浓度的溶液流经同一毛细管的同一高度时所需的时间 t 及纯溶剂的流经时间 t_0，便可求得各浓度所对应的η_r值，进而求得各η_{SP}、$\frac{\eta_{SP}}{C}$及$\frac{\ln\eta_r}{C}$的值，最后通过作图得到$[\eta]$值，这种方法称为外推法。

4.1.3　实验装置及药品

乌式黏度计（图 4.2）一个，恒温水槽一套（包括：自动搅拌器、继电器、水银接触温度计、调压器、加热器、50 ℃温度计），秒表一块，5 mL、10 mL 移液管各一支，25 mL、50 mL 容量瓶各一个，2#或 3#熔砂漏斗两个，聚乙二醇样品，蒸馏水。

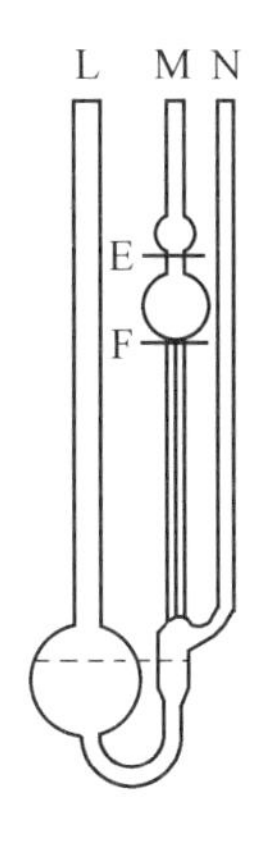

图 4.2　乌式黏度计

4.1.4　实验内容

1. 玻璃仪器的洗涤

先用经熔砂漏斗滤过的水洗涤黏度计，倒挂干燥后，用新鲜温热的铬酸洗液（滤过）浸泡黏度计数小时后，再用蒸馏水（经熔砂漏斗滤过的）洗净，烘干后待用。其他如容量瓶、移液管也需无尘洗涤，干燥后待用。

2. 高分子溶液的配制

准确称取聚乙二醇 0.25～0.35 g，在烧杯中用少量水（10～15 mL）使其全部溶解，移入 25 mL 容量瓶中；用水洗涤烧杯 3～4 次，洗液一并转入容量瓶中，并稍稍摇晃做初步混匀；然后将容量瓶置于恒温水槽（30 ℃）中恒温，用水稀释至刻度，摇匀溶液；再用熔砂漏斗将溶液滤入一只 25 mL 的无尘干燥的容量瓶中，放入恒温水槽中待用。盛有纯溶剂的容量瓶也放入恒温水槽中恒温待用。

3. 溶液流出时间的测定

在黏度计（图 4.2）的 M、N 管上小心地接入乳胶管，用固定夹夹住黏度计的管并将黏度计垂直放入恒温水槽中，使水面浸没 F 线上方的小球。用移液管从 L 管注入 10 mL 溶液，恒温 10 min 后，用乳胶管夹夹住 N 管上的乳胶管，在 M 管乳胶管上接一注射器，并缓慢抽气，待液面升到 E 上方小球的一半时停止抽气，先拔下注射器，然后放开 N 管的夹子，让空气进入 M 管下端的小球，使毛细管内的溶液与 L 管下端的球分开，此时液面缓慢下降，用秒表记下液面从 E 线流到 F 线的时间，重复 3 次，每次所测的时间相差不超过 0.2 s，取其平均值，作为 t_1。然后再移取 5 mL 溶剂注入黏度计，将它充分混合均匀，这时溶液浓度为原始溶液浓度的 2/3，再用同样方法测定 t_2。

用同样操作方法再分别加入 5 mL、10 mL 和 15 mL 溶剂，使溶液浓度分别为原始溶液的 1/2、1/3 和 1/4，测定各自的流出时间 t_3、t_4、t_5。

4. 纯溶剂流出时间的测定

将黏度计中的溶液倒出，用无尘溶剂（本实验中溶剂是水）洗涤黏度计数遍，测定纯溶剂的流出时间 t_0。

4.1.5 计算

为作图方便，若原始溶液浓度为 C_0，稀释后溶液浓度为 C，$C'=\dfrac{C}{C_0}$ 为稀释后溶液的相对浓度。那么依次加入 5 mL、5 mL、10 mL、10 mL 溶剂的溶液相对浓度

分别为 $\frac{2}{3}$、$\frac{1}{2}$、$\frac{1}{3}$、$\frac{1}{4}$。

以 $\frac{\eta_{SP}}{C'}$ 及 $\frac{\ln \eta_r}{C'}$ 分别对 C'作图，作图时可以在横坐标上以坐标纸的 12 格作为相对浓度 C'=1，即原始溶液，则其他溶液就位于 8、6、4 和 3 处，外推得到截距，那么 $[\eta] = \frac{A}{C_0}$，已知 $[\eta] = KM^{\alpha}$，那么

$$M_\eta = \left(\frac{[\eta]}{K}\right)^{\frac{1}{\alpha}}$$

从聚合物手册查到聚乙二醇水溶液在 30 ℃时，K=1.25×10^{-2}，α=0.78，代入上式计算 M_η。

4.1.6　实验报告要求

（1）简述实验原理、操作步骤及注意事项（要求预习时完成）。

（2）原始记录（包括试样质量、浓度、原始时间记录）、计算公式及其结果。

（3）根据实验结果进行讨论分析。

4.1.7　注意事项

（1）黏度计和待测液体的洁净是决定实验成功的关键。由于黏度计内毛细管细小，很小的杂质如灰尘、纤维等都能阻塞毛细管或影响液体的流动，使测定的流出时间不可靠，所以放入黏度计的液体必须经 2#或 3#熔砂漏斗滤过，这里不能使用普通的滤纸。因为使用滤纸可能将纤维带入，新的熔砂漏斗使用前也应仔细洗涤，务必使玻璃屑全部除去，洗涤时所用的溶剂、洗液、自来水、蒸馏水等都应经过过滤，以保证黏度计等玻璃仪器的清洁无尘。

（2）使用乌式黏度计时，要在同一支黏度计内测定一系列浓度呈简单比例关系的溶液的流出时间，每次吸取和加入的液体的体积要很准确。为了避免温度变化可能引起的体积变化，溶液和溶剂应在同一温度下移取。

（3）在每次加入溶剂稀释溶液时，必须将黏度计内的液体混合均匀，还要将溶

液吸到 E 线上方的小球内两次，润洗毛细管，否则溶液流出时间的重复性差。

（4）在使用有机物质作为聚合物的溶剂时，若使用盛放过高分子溶液的玻璃仪器，应先用这种溶剂浸泡和润洗，待洗去聚合物及吹干溶剂等有机物质后，才可用铬酸洗液去浸泡，否则有机物质会把铬酸洗液中的重铬酸钾还原，洗液将失效。

（5）本实验中测定溶液和溶剂流出时间的顺序是先测定高分子溶液的流出时间，再测定纯溶剂的流出时间。因为测定高分子溶液的流出时间时，常会有高分子吸附在毛细管管壁，所以相当于高分子溶液流过了较细的毛细管，为了得到高分子溶液真实的相对黏度，应后测定纯溶剂的流出时间，这样，纯溶剂流过的也是较细的毛细管，消除了高分子在毛细管上的吸附对结果的影响。反之如果在测定溶液之前测定纯溶剂的流出时间，此时毛细管并未被高分子吸附，纯溶剂将在较短的时间内流过毛细管，测定纯溶剂流出时间的毛细管状态就和测定溶液流出时间时的状态不一致，当高分子在毛细管管壁的吸附严重时，$\frac{\eta_{SP}}{C}$ 对 C 的作图将是一条凹形的曲线。

4.1.8 思考题

（1）为什么在配制试样溶液时需用移液管正确量取混合溶剂于锥形瓶中，而将溶剂或溶液倒入黏度计中时不需正确量取？

（2）在本实验中影响数据正确性的关键是什么？

4.2 聚合物流变性能的测定

4.2.1 实验目的

（1）掌握毛细管流变仪测定流变性能的方法。

（2）了解毛细管流变仪的结构及测定聚合物流变性能的原理。

（3）了解热塑性塑料在熔融状态时流动黏性的特征。

（4）掌握流动活化能、表观黏度、离模膨胀比的计算方法。

4.2.2 实验原理

聚合物流变学是研究高分子液体，主要指高分子熔体、高分子溶液，在流动状态下的非线性黏弹行为，以及这种行为与高分子结构及其他物理、化学性质的关系的科学。高分子材料流变学研究的内容非常丰富，粗略地分，可分为高分子材料结构流变学和高分子材料加工流变学两大类。结构流变学又称微观流变学或分子流变学，主要研究高分子材料奇异的流变性质与其微观结构-分子链结构、聚集态结构-之间的联系，以期通过设计大分子流动模型，获得正确描述高分子材料复杂流变性的本构方程，建立材料宏观流变性质与微观结构参数之间的联系，深刻理解高分子材料流动的微观物理本质。

毛细管型流变仪是目前发展得最成熟、应用最广泛的流变测量仪之一，其主要优点在于操作简单、测量准确、测量范围宽。毛细管型流变仪既可以测定聚合物熔体在毛细管中的剪切应力和剪切速率的关系，又可以根据挤出物的直径和外观以及在恒定压力下通过改变毛细管的长径比来研究熔体的弹性和不稳定流动现象，从而预测聚合物的加工行为，作为选择复合物配方、寻求最佳成型工艺条件和控制产品质量的依据。

毛细管流变仪测试的基本原理是：假设不可压缩的黏性液体在一个刚性、水平、无限长的毛细管中，做等温、稳定的层流运动，而且流体在管壁无滑动，出入口压力的影响可忽略不计。毛细管两端的压力差为ΔP。流体具有黏性，受到来自管壁与流动方向相反的作用力，基于黏滞阻力与推动力相平衡的关系，可推导得到管壁处的剪切应力(τ_w)和剪切速率($\dot{\gamma}_w$)与压力、熔体流量（Q）的关系：

$$\tau_w = \frac{R \times \Delta P}{2L}$$

式中，R 为毛细管的半径，cm；L 为毛细管的长度，cm；ΔP 为毛细管两端的压力差，Pa。

$$\dot{\gamma}_w = \frac{4Q}{\pi R^3}$$

式中，Q 为流量，cm^3/s，其表达式如下：

$$Q=\frac{\pi R^4\times\Delta P}{8L\eta_a}$$

式中，η_a 为熔体表观黏度，其表达式如下：

$$\eta_a=\frac{\tau_w}{\dot{\gamma}_w}$$

由此，在温度和毛细管长径比（L/D）一定的条件下，测定在不同的压力下高聚物熔体通过毛细管的流量（Q），由流量和毛细管两端的压力差ΔP，可计算出相应的 τ_w 和 $\dot{\gamma}_w$ 值。将一组对应的 τ_w 和 $\dot{\gamma}_w$ 在双对数坐标上绘制流动曲线图，可求得非牛顿指数（n）和熔体的表观黏度（η_a）；改变温度或改变毛细管长径比，则可得到对温度依赖性的黏度活化能（E_η）以及离模膨胀比（B）等表征流变性能的物理参数。

在黏流温度以上，聚合物的黏度与温度的关系与低分子液体一样，随着温度的升高，熔体的自由体积增加，链段活动能力增加，分子间相互作用减弱，聚合物的流动性增大，熔体黏度随温度升高以指数方式降低，因而在聚合物加工中，温度是进行黏度调节的重要手段。液体黏度（η_a）与温度 T 之间关系可表示为

$$\ln\eta_a=\frac{E_\eta}{RT}+\ln A$$

式中，η_a 为表观黏度；A 为一个常数；E_η为流动活化能，是分子向空穴跃迁时克服周围分子的作用所需要的能量，其值可以通过测试不同温度下聚合物的黏度，然后做 $\ln\eta_a$ 对 $1/T$ 图，从直线的斜率来计算得到。

最后，离模膨胀比 B 可以通过下式来计算：

$$B=\frac{D_s}{D}$$

式中，D_s 为挤出物直径，cm；D 为毛细管直径，cm。

但是，大多数聚合物熔体都属于非牛顿流体，它们在管中流动时具有弹性效应、管壁滑梯和入口处流动过程的压力降等特征。而且，在实验中毛细管的长度都是有

限的，因此由上述假设推导测得的实验结果将产生一定的偏差。为此对假设熔体为牛顿流体推导的剪切速率和适用于无限长毛细管的剪切应力必须进行“非牛顿改正”和“入口压力校正”，才能得到毛细管管壁上的真实剪切速率和真实剪切应力。但当毛细管的长径比大于 40 时，也可不做“入口压力校正”。

4.2.3　实验仪器及药品

（1）仪器：纱布手套、纯棉清洁布、活塞、转矩扳手、MLW-400 型计算机控制流变仪。

（2）药品：聚丙烯（PP）、聚乙烯（PE）。

4.2.4　实验内容

测定聚乙烯、聚丙烯树脂在不同温度下的流变性能，具体如下：

第一组：PE：160 ℃，165 ℃，170 ℃，175 ℃，180 ℃。

第二组：PE：180 ℃，185 ℃，190 ℃，195 ℃，200 ℃。

第三组：PP：190 ℃，195 ℃，200 ℃，205 ℃，210 ℃。

第四组：PP：210 ℃，215 ℃，220 ℃，225 ℃，230 ℃。

4.2.5　实验步骤

1. 开机

打开仪器和计算机，待初始化结束后，双击流变仪图标，进入流变控制软件进行实验。

2. 程序设定

点击“实验条件设置”图标，选择实验方法（恒压力实验、恒速实验），设定实验参数（压力、时间等）。

3. 测试料膛升温

编辑测试程序后，保存参数，开始升温，待温度达到测试温度并恒温 5 min。

4. 毛细管安装

选择特定长径比的毛细管，采用专用工具逆时针拧紧，安装好毛细管。

5. 加料

加料时尽量捣实，以免出现气泡，将压杆下移至加料口，预热物料 10 min。物料熔融后，先快速下移压杆，使物料挤出一些，然后迅速抬起压杆。

6. 测试

进入正式实验，单击“准备实验”按钮，进入力值调零与升温。力值自动调为零点，当温度升到设定值时“开始实验”按钮被激活。单击“开始实验”按钮，实验开始，按实验提示框提示进行实验。

挤出料条直径用测微计测量，为使重力影响最小，按以下步骤执行：

（1）尽可能靠近口模，切下毛细管口模上黏连的挤出物。

（2）挤出一段不超过 5 cm 的料条并切下，在起始端做标记。

（3）当切下一定长度的挤出料条时，用镊子夹住，让其悬在空气中充分冷却到室温。

（4）测量料条上靠近标记端的直径（避开因切除和做标记有变形的区域）。

7. 数据处理

实验结束后弹出对话框，对当前的试样满意按是（Y）保存，不满意按否（N），并弹出对话框，如需继续实验按是（Y），进行下一个试样实验，重复以上实验过程，按否（N）结束实验，自动保存实验结果。

8. 清理

将熔体全部挤出后，抬起压头，趁热用纯棉清洁布清理压头和料膛，取下毛细管，并立即用针状工具挤出熔体存放好。

4.2.6 实验报告要求

（1）简述实验原理及操作步骤。

（2）用表格列出实验条件及不同温度下τ_w、$\dot{\gamma}_w$和η_a数据。

（3）计算离模膨胀比 B。

（4）根据相同切变速率、不同温度下的η_a值，根据阿伦尼乌斯（Arrhenius）方程绘制 $\ln \eta_a$–$1/T$ 曲线，并计算黏流活化能 E_η。

4.2.7　注意事项

（1）料筒、压料杆、毛细管属于精密仪器，要轻拿轻放，不可掉落地上，清理时切忌擦伤。

（2）清理时要戴手套，防止烫伤。

（3）将料筒内余料压出时，总压力不准超过 5 000 N，切忌用人的压力把余料挤出，以防压料杆和出料托板等因受力不当和超载而变形。

（4）实验过程中，不要把身体置于移动横梁之下。

（5）该仪器不允许频繁启动，不允许超负荷使用。

（6）如仪器出现飞车现象时，应迅速关闭总电源。

4.2.8　思考题

（1）为什么 PE、PP 高聚物熔体随着剪切速率增大，表观黏度下降？

（2）分析影响流动活化能 E_η的因素。

4.3　热台偏光法研究聚丙烯结晶行为

4.3.1　实验目的

（1）熟悉偏光显微镜的构造及原理，掌握偏光显微镜的使用方法。

（2）查阅资料，选取影响聚合物结晶形态的某个因素进行实验方案设计，深入理解并总结该因素对聚合物结晶形态的影响规律。

（3）学习用熔融法制备聚合物球晶，观察不同结晶温度下得到的球晶的形态，测量聚合物球晶的半径。

4.3.2 实验原理

晶体和无定形体是聚合物聚集态的两种基本形式，很多聚合物都能结晶。结晶聚合物材料的实际使用性能（如光学透明性、冲击强度等）与材料内部的结晶形态、晶粒大小及完善程度有着密切的联系。因此，对于聚合物结晶形态等的研究具有重要的理论和实际意义。聚合物在不同条件下形成不同的结晶，比如单晶、球晶、纤维晶等，聚合物从熔融状态冷却时主要生成球晶，它是聚合物结晶时最常见的一种形式，对制品性能有很大影响。

球晶是以晶核为中心呈放射状增长构成球形而得名，是“三维结构”。但在极薄的试片中也可以近似地看成是圆盘形的“二维结构”，球晶是多面体。由分子链构成晶胞，晶胞的堆积构成晶片，晶片叠合构成微纤束，微纤束沿半径方向增长构成球晶。晶片间存在着结晶缺陷，微纤束之间存在着无定形夹杂物。球晶的大小取决于聚合物的分子结构及结晶条件，因此随着聚合物种类和结晶条件的不同，球晶尺寸差别很大，直径可以从微米级到毫米级，甚至可以达到厘米。球晶分散在无定形聚合物中，一般说来无定形是连续相，球晶的周边可以相交，成为不规则的多边形。球晶具有光学各向异性，对光线有折射作用，因此能够用偏光显微镜进行观察。聚合物球晶在偏光显微镜的正交偏振片之间呈现出特有的黑十字消光图像。有些聚合物生成球晶时，晶片沿半径增长时可以进行螺旋性扭曲，因此还能在偏光显微镜下看到同心圆消光图像。

偏光显微镜的最佳分辨率为 200 nm，有效放大倍数超过 500～1 000 倍，与电子显微镜、X-射线衍射法结合可提供较全面的晶体结构信息。

光是电磁波，也就是横波，它的传播方向与振动方向垂直。但对于自然光来说，它的振动方向均匀分布，没有任何方向占优势。但是自然光通过反射、折射或选择吸收后，可以转变为只在一个方向上振动的光波，即偏振光。一束自然光经过两片偏振片，如果两个偏振轴相互垂直，光线就无法通过了。光波在各向异性介质中传播时，其传播速度随振动方向不同而变化，折射率值也随之改变，一般都发生双折射，分解成振动方向相互垂直、传播速度不同、折射率不同的两条偏振光。而这两束偏振光通过第二个偏振片时，只有在与第二偏振轴平行方向的光线可以通过。而通过的两束光由于光程差将会发生干涉现象。

在正交偏光显微镜下观察，非晶体聚合物因为其各向同性，没有发生双折射现象，光线被正交的偏振镜阻碍，视场黑暗。球晶会呈现出特有的黑十字消光现象，黑十字的两臂分别平行于两偏振轴的方向。而除了偏振片的偏振方向外，其余部分就出现了因折射而产生的光亮。图 4.3 所示为等规聚丙烯的球晶照片。

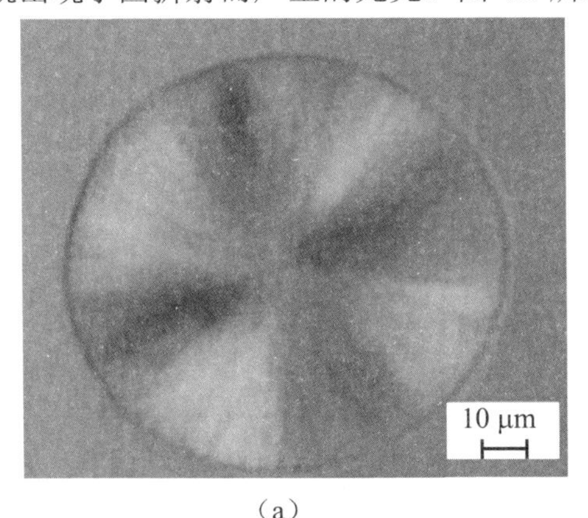

（a）

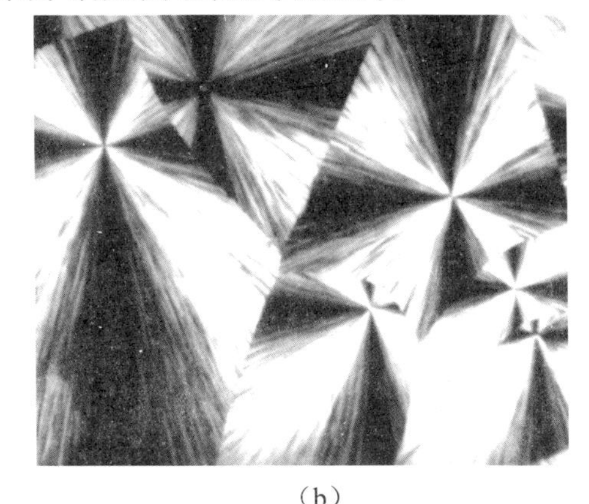

（b）

图 4.3　等规聚丙烯的球晶照片

在偏振光条件下，还可以观察晶体的形态，测定晶粒大小和研究晶体的多色性等。

聚合物的结晶形态主要受其本身微观结构和温度的控制，但当加入成核剂、无机填料、玻璃纤维等添加剂后，第二相作为外来质点也将影响其结晶和结晶形态。因此，本实验旨在通过文献资料研究，就影响结晶形态的相关因素合理选择并设计实验方案，深入理解并总结归纳该设计因素对聚合物结晶的影响规律。

4.3.3　实验仪器及药品

（1）仪器：偏光显微镜及附件、热台、脱脂棉、镊子、载玻片。

（2）药品：PP、成核剂、无机填料、玻璃纤维、酒精。

4.3.4 实验步骤

1. 查阅文献资料，设计实验方案

设计的实验方案要在实验室条件下切实可行，如针对结晶温度、成核剂、无机填料、玻璃纤维等影响结晶形态的因素，通过单一变量法设计三组实验方案，探讨该影响因素对聚丙烯结晶形态的影响规律。

2. 空白聚丙烯试样制备

（1）切一小块聚丙烯薄膜或 1/5～1/4 粒料，放于干净的载玻片上，使之离开玻片边缘，在试样上盖上一块盖玻片。

（2）预先把压片机加热到 230 ℃，将聚丙烯样品在电热板上熔融（试样完全透明），加压成膜保温 2 min，然后迅速转移到 150 ℃的热台使之结晶。把同样的样品熔融后于 100 ℃和室温条件下结晶。样品制备条件见表 4.2。

表 4.2　样品制备条件

样品编号	熔融温度/℃	熔融时间/min	结晶温度/℃	结晶时间/min
1				
2				
3				

3. 调节显微镜

（1）预先打开汞弧灯 10 min，以获得稳定的光强，插入单色滤波片。

（2）去掉显微镜目镜，起偏片和检偏片置于 90°。边观察显微镜筒，边调节灯和反光镜的位置，如需要可调整检偏片以获得完全消光（视野尽可能暗）。

4. 测量球晶直径

聚合物晶体薄片放在正交显微镜下观察，用显微镜目镜分度尺测量球晶直径，测定步骤如下：

（1）将带有分度尺的目镜插入镜筒内，将载物台显微尺置于载物台上，使视区内同时见两尺，调至显微镜视野最亮，然后，将结晶样品置于载物台上，调节显微镜上粗动、微动旋转钮准焦后即可观察球晶形态。

（2）标定分度尺。

①取下样品，把显微镜放在载物台上，准焦后，在视野中找到非常清晰的显微尺，显微尺长 1.00 mm，等分为 100 格，每格为 0.01 mm。然后换上带有分度尺的目镜，调显微尺与目镜的分度尺基本重合，即可算出目镜分度尺的值。目镜测微尺校正见表 4.3。

表 4.3　目镜测微尺校正

物镜放大倍数	目镜测微尺格数 n	物镜测微尺格数 N	目镜测微尺每格代表的真正长度 D/μm
×10			
×25			
×40			

其中，目镜测微尺每格代表的真正长度 D 根据式 $D=0.01\times\dfrac{N}{n}$ 计算。

②保持显微镜上的粗动旋钮不变，将显微尺换下，放入样品，测量；读出样品被测球晶半径（直径）对应的分度尺格数即可得到球晶的半径（直径）大小。

球晶直径的测量数据表格见表 4.4。

表 4.4　PP 结晶的球晶尺寸（物镜放大倍数×10 下观察）

序号	1	2	3	4	5	6	7	8	9	10
目镜测微尺格数 N										
球晶直径 d/mm										
平均直径 d_0/mm										

其中，球晶直径 d 根据 $d=N\cdot D$ 计算；$d_0=\dfrac{\sum d_i}{10}$。

4.3.5　实验报告

（1）记录制备试样的条件，简绘实验所观察到的球晶状态图。

（2）写出显微镜标定目镜分度尺的标定关系，计算球晶的直径。

（3）讨论影响球晶生长的主要因素，总结实验方案中该影响因素对 PP 结晶形态的影响规律。

4.3.6 思考题

（1）聚合物结晶过程有何特点？形态特征如何（包括球晶大小和分布、球晶的边界、球晶的颜色等）？结晶温度对球晶形态有何影响？

（2）解释球晶在偏光显微镜中出现十字消光图像和同心圆消光图像的原因。

（3）为什么说球晶是多晶体？

4.4 聚合物溶液的流动行为研究

4.4.1 实验目的

（1）熟悉旋转式黏度计的构造及原理。

（2）掌握旋转式黏度计的使用方法。

（3）探讨温度和浓度对聚合物溶液黏度的影响。

4.4.2 实验原理

聚合物流体（包括聚合物熔体和高分子浓溶液）在外力作用下的流动行为具有流动和形变两个基本特征，而流动和形变的具体情况又与聚合物的结构、聚合物的组成、环境温度、外力大小、类型、作用时间等错综复杂的因素密切相关。聚合物流体的流动行为直接影响到高分子材料加工工艺的选择及高分子材料使用性能的充分发挥。因此在高分子成型加工工作中，首先要表征聚合物流体的流动行为，在高分子物理研究中为了了解高分子凝聚态结构在成型加工中形态的变化规律，也需要研究聚合物流体在外场作用下的流动行为。聚合物流体流动行为的表征数据有：黏度、熔融指数、剪切应力（σ_τ）-切变速率γ流动曲线（或表观黏度（η_a）-切变速率曲线）。

聚合物流动行为可以通过用黏度计测聚合物流体的黏度来表征，有三种黏度计用于测量聚合物流体的剪切黏度，即落球黏度计、毛细管黏度计和转动黏度计。不同黏度计具有不同的施加剪切力的原理，因此具有不同的黏度（η）、剪切应力（σ_τ）、剪切速率（γ）的计算方法。其中落球黏度计，用来测低剪切速率下的剪切黏度值；毛细管黏度计可测较宽范围剪切速率和温度下的表观剪切黏度值，以及相应的剪切应力和剪切速率值；转动黏度计又分为两类，即锥板黏度计和同轴圆筒黏度计。其中锥板黏度计可测牛顿流体及非牛顿流体的黏度值，同轴圆筒黏度计可测得剪切应力、剪切速率或相应剪切速率下的表观黏度值。聚合物流体的黏度值是和流体的温度及剪切应力的大小相关的。另外，还可以用黏度计测聚合物流体的流变曲线，用毛细管黏度计和同轴圆筒黏度计测量恒定温度下，施加不同剪切应力（σ_τ）时，流体中相应的剪切速率值（γ），并以剪切应力对数 $\lg \sigma_\tau$（纵坐标）-剪切速率对数 $\lg \gamma$（横坐标）作图，即为该聚合物流体在某温度下的流变曲线。

同轴圆筒黏度计又称 Epprecht 黏度计，是测量低黏度流体黏度的一种基本仪器，其示意图如图 4.4 所示。

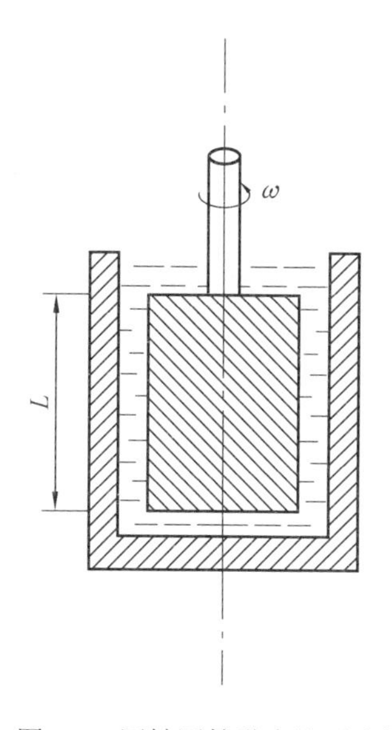

图 4.4　同轴圆筒黏度计示意图

仪器的主要部分由一个圆筒形的容器和一个圆筒形的转子组成，待测液体被装入两圆筒间的环形空间内，半径为 R_1 的内筒由弹簧钢丝悬挂，并以角速度 ω 匀速旋转，如果内筒浸入待测液体部分的深度为 L，则待测液体的黏度可用下式计算，即

$$\eta = \frac{M}{4\pi L\omega}\left(\frac{1}{R_1^2} - \frac{1}{R_2^2}\right)$$

式中，R_1 和 R_2 分别为内筒的外径和外筒的内径；M 为内筒受到液体的黏滞阻力而产生的扭矩。这样，内筒角速度和扭矩测定后，就可以通过黏度计的几何尺寸计算出液体的黏度。

4.4.3 实验仪器和药品

NDJ-79 旋转式黏度计（仪器的主要构造和配件如图 4.5 所示），该仪器共有两组测量器，每组包括一个测定容器和几个测定转子配合使用，可根据被测液体的大致黏度范围选择适当的测定组及转子；为取得较高的精度，读数最好大于 30 分度且不得小于 20 分度，否则，应变换转子或测定组。指针指示的读数乘以转子系数即为测得的黏度（mPa·s），即

$$\eta = K\alpha$$

式中，η为待测液体的黏度；K 为系数；α 为指针指示的读数（偏转角度）。

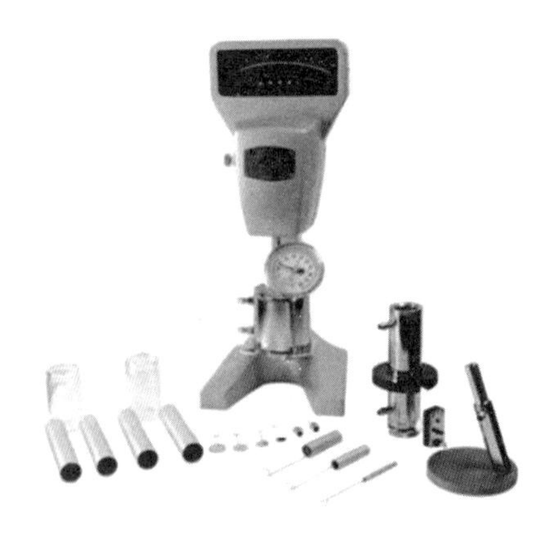

图 4.5 NDJ-79 旋转式黏度计

第一测定组用来测量较高黏度的液体，配有三个标准转子（呈圆筒状，各自的因子为 1、10 和 100），当黏度大于 10 000 mPa·s 时，可配用减速器，以测得更高的黏度。1∶10 的减速器，转子转速为 75 r/min；1∶100 的减速器，转子转速为 7.5 r/min。它们的最大量程分别为 100 000 mPa·s 和 1 000 000 mPa·s。

第二测定组用来测量低黏度液体，量程为 1～50 mPa·s，共有四个转子（呈圆筒形），供测定各种黏度时选用，四个转子各自的因子分别为 0.1、0.2、0.4、0.5。

蒸馏水，浓度分别为 5%、10%、15%、20%、25%、30%（质量分数）的聚乙二醇水溶液。

恒温水浴锅，分别将水温控制在 20 ℃、25 ℃、30 ℃、35 ℃、40 ℃、45 ℃。

4.4.4　实验步骤

1. 试样制备

分别配制浓度为 5%、10%、15%、20%、25%、30%（质量分数）的聚乙二醇水溶液。

2. 黏度计校准

（1）松开滚花螺栓，将黄色避震器托架取下。

（2）松开测定器螺母，将测定器 II 从托架取下。

（3）接通电源：工作电压为 220 ×（（1±10）%）V，50 Hz。

（4）联轴器安装：联轴器是一左旋滚花带钩的螺母，固定于电机轴的端部。拆装时用专用插杆插入胶木圆盘上的小孔卡住电机轴。（使用减速器时测定组则配有短小钩，用于转子悬挂）

（5）零点调整：开启电机，使其空转，反复调节调零螺钉，使指针指到零点。

3. 测量聚合物溶液黏度

（1）不同浓度溶液黏度的测定。

将蒸馏水缓缓地注入测试容器中，使液面与测试容器锥形面下部边缘齐平，将转子全部浸入液体，测试容器放在仪器的托架上，同时把转子悬挂在仪器的联轴器上，此时转子应全浸没于液体中，开启电机，转子旋转，可能伴有晃动，此时可前后左右移动托架上的测试容器，使与转子同心，从而使指针稳定即可读数。将5%的聚乙烯醇溶液缓缓注入测试容器中，按上述步骤读出指针读数。同理，可以依次测出浓度为10%、15%、20%、25%、30%聚乙二醇溶液的黏度。

（2）不同温度下聚合物溶液黏度的测定。

将恒温水浴锅的温度控制在20 ℃，采用小马达接通循环至旋转黏度计的测试容器外壁中，使测试温度恒定在20 ℃，以15%的聚乙烯醇溶液作为被测溶液，缓缓注入测试容器中，开启电机，待指针稳定即可读数。

同理，测定15%的聚乙烯醇溶液在25 ℃、30 ℃、35 ℃、40 ℃及45 ℃下的黏度。

4.4.5 实验报告

（1）记录不同浓度计温度下溶液的黏度，并绘出浓度-黏度以及温度-黏度变化图。

（2）讨论影响聚合物黏度的主要因素。

4.4.6 思考题

（1）聚合物溶液黏度的影响因素有哪些？

（2）用旋转黏度计测量聚合物黏度时，溶液黏度对测量结果有什么影响？

（3）温度对聚合物溶液的黏度有何影响？

4.5 膨胀计法测定聚合物的玻璃化转变温度

4.5.1 实验目的

（1）掌握膨胀计法测定聚合物 T_g 的实验基本原理和方法。

（2）了解升温速度对玻璃化转变温度的影响。

（3）测定尼龙6的玻璃化转变温度。

4.5.2　实验原理

当玻璃化转变时，高聚物从一种黏性液体或橡胶态转变成脆性固体。根据热力学观点，这一转变不是热力学平衡态，而是一个松弛过程，因而玻璃态与转变的过程有关。描述玻璃化转变的理论主要有自由体积理论、热力学理论、动力学理论等。本实验的基本原理来源于应用最为广泛的自由体积理论。

根据自由体积理论可知：高聚物的体积由大分子已占体积和分子间的空隙，即自由体积组成。自由体积是分子运动的必需空间。温度越高，自由体积越大，越有利于链段中的短链作扩散运动而不断地进行构象重排。当温度降低，自由体积减小，降至玻璃化转变温度以下时，自由体积减小到一临界值以下，链段的短链扩散运动受阻不能发生（即被冻结）时，就发生玻璃化转变。

图 4.6 所示的高聚物的比容-温度关系曲线能够反映自由体积的变化。

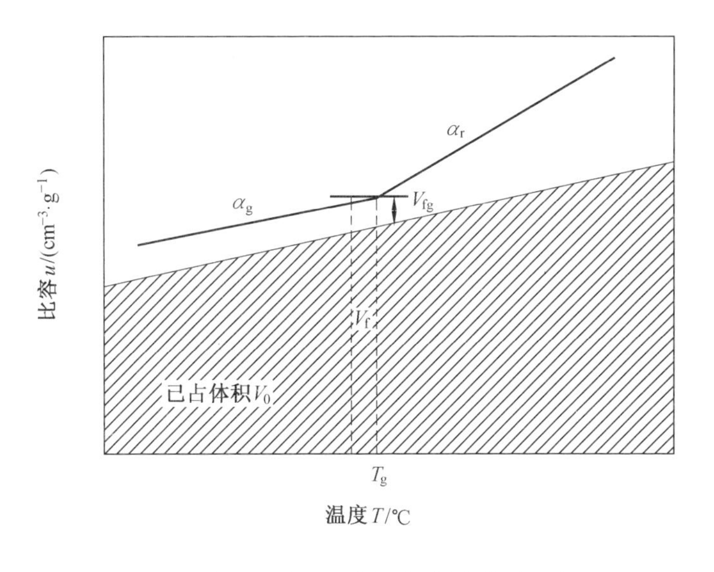

图 4.6　高聚物的比容-温度关系曲线

图 4.6 上方的实线部分为聚合物的总体积，下方阴影区部分则是聚合物已占体积。当温度大于 T_g 时，高聚物体积的膨胀率就会增加，可以认为是自由体积被释放的结果，如图中α_r段部分；当 $T<T_g$ 时，聚合物处于玻璃态，此时，聚合物的热膨胀

主要由分子的振动幅度和键长的变化贡献，在这个阶段，聚合物容积随温度线性增大，如图中α_g段部分。显然，两条直线的斜率发生极大的变化，出现转折点，这个转折点对应的温度就是玻璃化转变温度 T_g。

T_g 值的大小与测试条件有关，如升温速率太快，即作用时间太短，使链段来不及调整位置，玻璃化转变温度就会偏高；反之偏低，甚至检测不到。所以，测定聚合物的玻璃化转变温度时，升温速率通常采用的标准是 1～2 ℃/min。T_g 大小还和外力有关，单向的外力能促使链段运动。外力越大，T_g 降低越多。外力作用频率增加，则 T_g 升高。所以，用膨胀计法所测得的 T_g 比动态法测得的要低一些。除了外界条件，T_g 值还受聚合物本身化学结构的影响，同时也受到其他结构因素如共聚交联、增塑以及分子量等的影响。

4.5.3　实验仪器和药品

（1）仪器：膨胀计、水浴及加热器、温度计、电炉、调压器和电动搅拌器等。

（2）药品：颗粒状尼龙 6、丙三醇和真空密封油。

4.5.4　实验步骤

（1）先在洗净、烘干的膨胀计样品管中加入颗粒状尼龙 6，加入量约为样品管体积的 4/5。然后缓慢加入丙三醇，同时用玻璃棒轻轻搅拌驱赶气泡，保证膨胀计内没有气泡，特别是尼龙 6 颗粒上没有气泡，并保持管中液面略高于磨口下端。

（2）在膨胀计毛细管下端磨口处涂上少量真空密封油，将毛细管插入样品管，使丙三醇升入毛细管柱的下部，不高于刻度 10 小格，否则应适当调整液柱高度，用滴管吸掉多余丙三醇。

（3）仔细观察毛细管内液柱高度是否稳定，如果液柱不断下降，说明磨口密封不良，应该取下擦净重新涂敷密封油，直至液柱高度稳定，并注意毛细管内不留气泡。

（4）将膨胀计样品管浸入油浴锅，垂直夹紧，谨防样品管接触锅底。

（5）打开加热电源开始升温，适宜调节加热电压，控制升温速率为 1 ℃/min。读取水浴温度和毛细管内丙三醇液面的高度（在 30～55 ℃之间每升温 1 ℃读数一次），直到 55 ℃为止。

（6）取出膨胀计充分冷却，将油浴温度降至室温，改变升温速率为 2 ℃/min，按上述操作要求重新实验。

（7）以毛细管高度为纵轴、温度为横轴作图，在转折点两边作切线，其交点处对应的温度即为玻璃化转变温度。

4.5.5　注意事项

（1）注意选取合适测量温度范围。因为除了玻璃化转变外，还存在其他转变。

（2）测量时，常把试样在封闭体系中加热或冷却，体积的变化通过填充液体的液面升降而读出。因此，要求这种液体不能和聚合物发生反应，也不能使聚合物溶解或溶胀。

4.5.6　思考题

（1）作为聚合物热膨胀介质应具备哪些条件？

（2）聚合物玻璃化转变温度受到哪些因素的影响？

（3）若膨胀计样品管内装入的聚合物量太少，对测试结果有何影响？

（4）膨胀计还有哪些应用？

4.6　应力-应变曲线实验

4.6.1　实验目的

（1）了解高聚物在室温下应力-应变曲线的特点，并掌握测试方法。

（2）了解加荷速度对实验的影响。

（3）了解电子拉力实验机的使用。

4.6.2　实验原理

高聚物具有机械强度，因此得到广泛应用。应力-应变曲线实验是使用最广泛的力学性能测试，是塑料材料作为结构件使用提供工程设计的主要数据。但是由于塑料受测量环境和条件的影响性能变化很大，因此必须考虑在广泛的温度和速度范围内进行实验。

抗张强度通常以塑料试样受拉伸应力直至发生断裂时所承受的最大应力来测量。影响抗张强度的因素除材料的结构和试样的形状外，测定时所处的温度、湿度，以及所用的拉力速度也是十分重要的因素。为了比较各种材料的强度，一般拉伸实验是在规定的实验温度、湿度和拉伸速度下，对标准试样两端沿其纵轴方向施加均匀的速度拉伸，测出每一瞬间所加拉伸载荷的大小与对应的试样标线的伸长，即可得到每一瞬间拉伸负荷与伸长值（形变值），并绘制负荷-形变曲线，如图 4.7 所示。

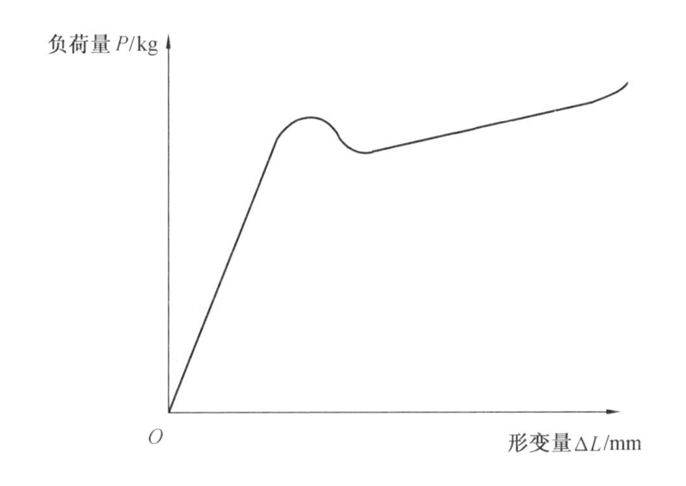

图 4.7　拉伸时的负荷-形变曲线

试样所受负荷量的大小由电子拉力机的传感器测得，试样形变量由夹在试样标线上的引申仪测得，负荷和形变量均以电信号输送到记录仪内自动绘制出负荷-形变曲线。

有了负荷-形变曲线后，将坐标变换，即所得到应力-应变曲线，如图 4.8 所示。

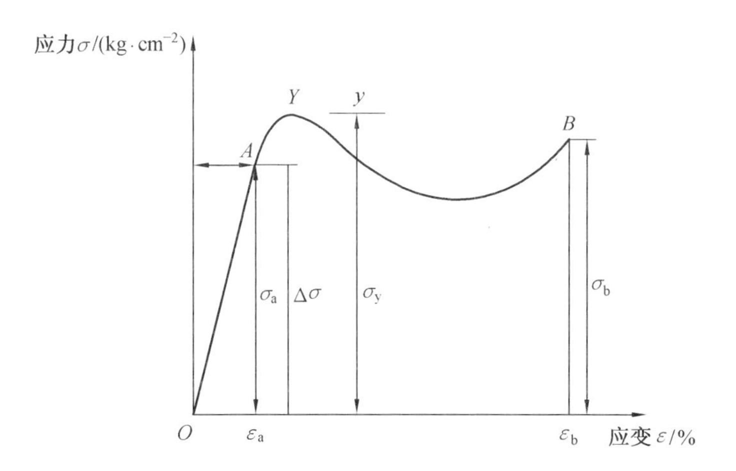

图 4.8　拉伸时的应力-应变曲线

应力：单位面积上所受的应力，用σ表示：

$$\sigma = \frac{P}{S} \text{（单位 kg/cm}^2\text{）}$$

式中，P 为拉伸实验期间某瞬间施加的负荷；S 为试件标线间初始截面积。

应变：拉伸应力作用下相应的伸长率，用ε表示：

$$\varepsilon = \frac{L - L_0}{L_0} \times 100\% = \frac{\Delta L}{L_0} \times 100\%$$

式中，L_0 为拉伸前试样的标距长度；L 为实验期间某瞬间标距的长度；ΔL 为实验期间任意时间内标距的增量，即形变量。

图 4.8 是硬而韧的塑料的应力-应变曲线，由图可见，在开始拉伸时，应力与应变呈直线关系即满足胡克定律，如果去掉外力试样能恢复原状，称为弹性形变。一般认为这段形变是大分子链键角的改变和原子间距的改变的结果。对应 A 点的应力为该直线上的最大应力（σ_a）。弹性模量用 E 表示：

$$E = \frac{\Delta\sigma}{\Delta\varepsilon} = \tan\alpha$$

式中，$\Delta\sigma$ 为曲线线性部分某应力的增量；$\Delta\varepsilon$ 为与$\Delta\sigma$对应的应变增量。对于软而脆的塑料，曲线右移，直线斜率小，弹性模量小。

Y 点称为屈服点，对应点的应力为屈服极限，定义为在应力-应变曲线上第一次出现增量而应力不增加时的应力。当伸长到 *Y* 点时，应力第一次出现最大值即σ_y称为屈服极限或屈服应力，此后略有降低，在 *Y* 点以后再去掉外力试样便不能恢复原状就产生了塑性变形。一般认为塑料变形包括分子链相互的滑移和分子链段的取向结晶，对常温下处于玻璃态的塑料的不可逆变形，伸长率称为屈服伸长率。

B 点为断裂点，*B* 点的应力为断裂应力或极限强度，它随材料结构不同，有可能产生或不产生结晶。它可能高于屈服点，也可能低于屈服点。因此计算材料的抗张强度时应该是应力-应变曲线上最大的应力点。伸长率ε_b称为断裂伸长率或极限伸长率。图 4.9 所示为 5 种不同类型聚合物的应力-应变曲线。

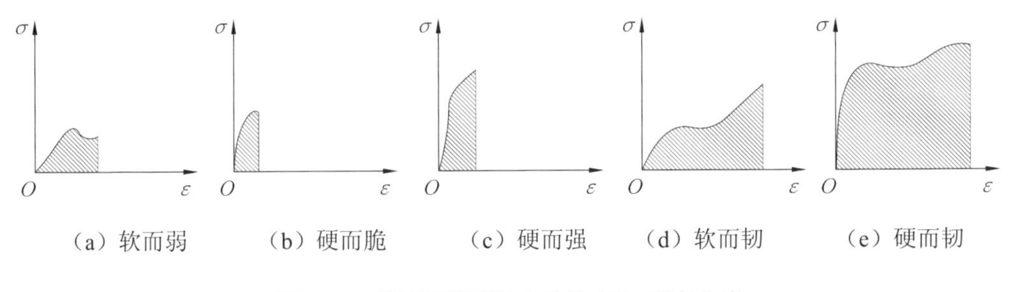

图 4.9　5 种不同类型聚合物的应力-应变曲线

4.6.3　实验仪器

采用 CMT 8535 型微电子拉力机。最大测量负荷 10 kN，速度 0.011～500 mm/min。

4.6.4　试样制备

拉伸实验中所用的试样依据不同材料可按国家标准《塑料　拉伸性能的测定　第 1 部分：总则》（GB/T 1040.1—2018）加工成不同形状和尺寸。本实验采用哑铃形样条。

实验前，需对试样的外观进行检查，试样应表面平整，无气泡、裂纹、分层和机械损伤等缺陷。另外，为了减小环境对试样性能的影响，应在测试前将试样在测试环境中放置一定时间，使试样与测试环境达到平衡。一般试样越厚，放置时间应越长，具体按国家标准规定。

取合格的试样进行编号，在试样中部量出 10 cm 为有效段，做好记号。在有效段均匀取 3 点，测量试样的宽度和厚度，取算术平均值。

4.6.5　实验步骤

（1）接通实验机电源，预热 15 min。

（2）打开计算机，进入应用程序。

（3）选择实验方式（拉伸方式），将相应的参数按对话框要求输入，注意拉伸速度，拉伸速度应为使试样能在 0.5～5 min 实验时间内断裂的最低速度。

（4）按上、下键将上下夹具的距离调整到 10 cm，并调整自动定位螺丝，将距离固定，记录试样初始标线间的有效距离。

（5）将样品在上下夹具上夹牢。夹试样时，应使试样的中心线与上下夹具中心线一致。

（6）在计算机的本程序界面上将载荷和位移同时清零后，按开始按钮，此时计算机自动画出载荷-变形曲线。

（7）试样断裂时，拉伸自动停止，记录试样断裂时标线间的有效距离。

（8）重复 3～7 操作，测量下一个试样。

（9）测量实验结束，由“文件”菜单下点击“输出报告”，在出现的对话框中选择“输出到 EXCEL”，然后保存该报告。

4.6.6　数据处理

（1）断裂强度 σ_t 的计算。

$$\sigma_t = \frac{P}{bd} \times 10^4 \ \text{(Pa)}$$

式中，P 为最大载荷（由打印报告读出），单位 N；b 为试样宽度，单位 cm；d 为试样厚度，单位 cm。

（2）断裂伸长率ε_τ的计算。

$$\varepsilon_\tau = \frac{L - L_0}{L_0} \times 100\%$$

式中，L_0为试样初始标线间的有效距离；L为试样断裂时标线间的有效距离。

试样初始参数值、测试数据表见表4.5。

表 4.5　试样初始参数值、测试数据表

聚合物	厚度/mm	宽度/mm	拉伸速率/（mm·min^{-1}）	P_{max}/N	ΔL/mm

4.6.7　思考题

（1）如何根据聚合物材料的应力-应变曲线来判断材料的性能？

（2）在拉伸实验中，如何测定模量？

4.7　聚合物材料的维卡软化点的测定

4.7.1　实验目的

（1）了解热塑性塑料的维卡软化点的测试方法。

（2）掌握 XDV-300A 型热变形维卡软化点温度测定仪的原理和使用方法。

（3）采用 XDV-300A 型热变形维卡软化点温度测定仪测定尼龙 6、尼龙 12、PP、PS 等试样的维卡软化点。

4.7.2 实验原理

无定形高聚物在较低温度时，整个分子链和链段只能在平衡位置上振动，此时，聚合物很硬，像玻璃一样，加上外力只能产生较小的变形，除掉外力，又恢复原状，这时聚合物处于玻璃态；当温度升高到某一温度，整个分子链相对其他分子来说仍然不能运动，但分子内各个链段可以运动，通过链段运动，分子可以改变形状，这时在外力作用下，高聚物可以发生很大变形，这时高聚物处于高弹态；再继续升温，高聚物整个分子链都可以发生位移，高聚物成为可以流动的黏稠态，称为黏流态。

各种聚合物材料在高温作用下，所发生的变化是不同的，温度在很大的程度上影响着聚合物材料各方面的性质。聚合物的耐热性能，通常是指它在温度升高时保持其物理机械性质的能力。聚合物材料的耐热温度是指在一定负荷下，其到达某一规定形变值时的温度。发生形变时的温度通常称为塑料的软化点 T_S。为了测量聚合物材料随着温度上升而发生的变形，确定聚合物材料的使用温度范围，设计了各种各样的仪器，规定了许多实验方法。因为使用不同测试方法各有其规定选择的参数，所以软化点的物理意义不像玻璃化转变温度那样明确。最常用的是“马丁耐热实验方法”“维卡软化实验方法”“热变形温度实验方法”。这些方这些方法所测定的温度，仅仅是该方法规定的载荷大小、施力方式、升温速度下到达规定的变形值的温度，而不是这种材料的使用温度上限。不同方法的测试结果相互之间无定量关系，它们可用来对不同塑料做相对比较。

维卡软化点是测定热塑性塑料于特定液体传热介质中，在一定的负荷、一定的等速升温条件下，试样被 1 mm^2 针头压入 1 mm 时的温度。将被测试样装在顶针下面，载荷杆与其垂直，放入热载体硅油中，装好百分表，然后用选定的升温速度开始升温，用百分表读取针头垂直压入试样的深度，当该深度达到 1 mm 时，读取此时的温度即为维卡软化点温度。本方法仅适用于大多数热塑性塑料。实验测得的维卡软化点适用于控制质量和作为鉴定新品种热性能的一个指标，但不代表材料的使用温度。现行维卡软化点的国家标准为《热塑性塑料维卡软化温度（VST）的测定》

（GB/T 1633—2000）。

4. 7. 3　实验设备和材料

1. 仪器

XDV-300A 型热变形维卡软化点温度测定仪测试装置背面和注油方式如图 4.10 所示。温度控制范围：室温至 300 ℃。砝码配置：2 000 g、1 000 g、500 g、200 g、100 g、50 g。采用自然冷却或循环水冷冷却。本实验选用甲基硅油为传热介质。可调等速升温速率为 50 ℃/h 和 120 ℃/h。

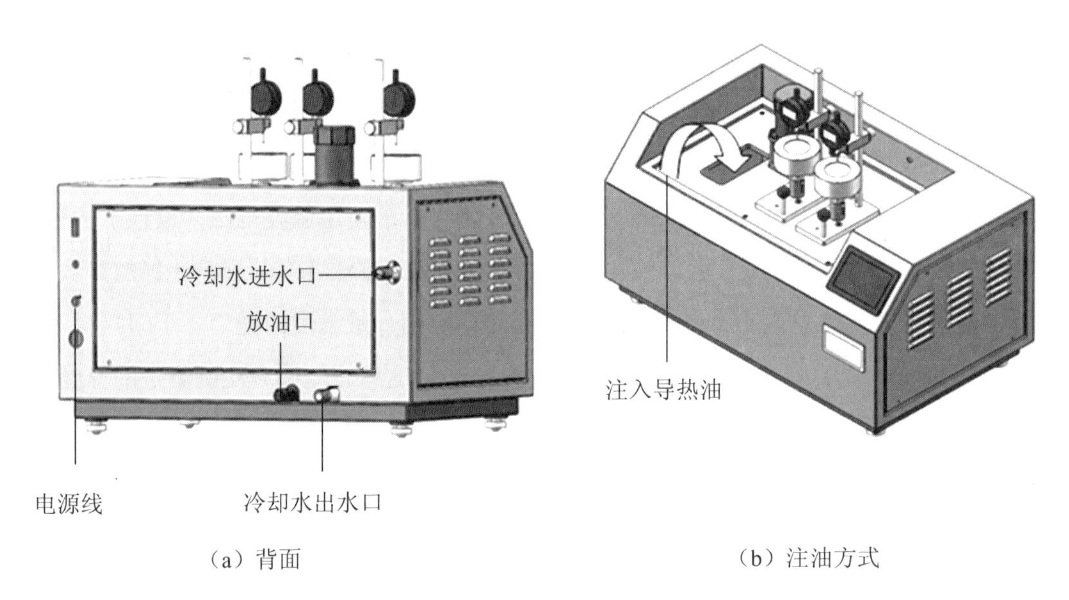

（a）背面　　（b）注油方式

图 4.10　XDV-300A 型热变形维卡软化点温度测定仪

2. 试样

维卡软化点实验样条一般为片状试样，厚度在 3～6.5 mm 之间，长和宽为 10 mm×10 mm，或是直径为 10 mm 的圆片。板材的厚度应等于原板材的厚度，如果板材厚度超过 6.5 mm，则应使用机加工的方法单面加工到规定的范围；如果厚度小于 3 mm，则可以使用最多三片叠放到一起，且最上层的厚度不应小于 1.5 mm。

4.7.4　实验步骤

仪器电源接通后，搅拌电机以均匀的速度转动，且显示器显示正常的工作界面，如图 4.11 所示。

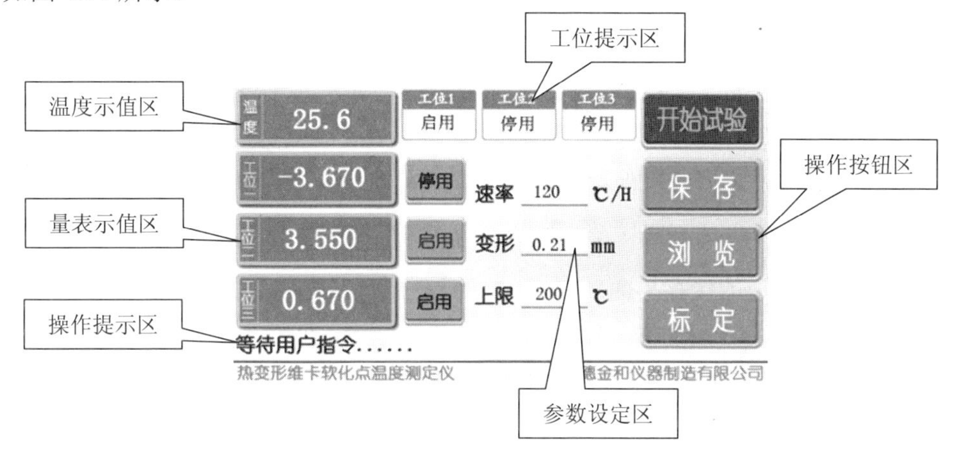

图 4.11　仪器工作主界面

1. 设定实验参数

维卡测试设定形变为 1 mm，升温速率为 120 ℃/h。如果实验过程中只使用到三个试样架的一部分，则需要将不用的试样架停止，方法是点击参数设定区左侧的“启用/停用”按钮，工位提示区将出现对应的提示。如果显示为“启用”，则实验时会判断这个工位的变形量；如果显示为“停用”，则实验时会忽略此工位的数据。

注：必须正确设置工位的“启用/停用”，否则可能实验过程不能正常结束，得不到应有的实验结果，实验数据也无法正常保存。

2. 进行实验

在试样放入浴油中 5 min 后即可开始实验。

点击操作按钮区的“开始实验”按钮，仪器开始自动升温实验，“开始实验”按钮会变成不断变换颜色的“停止实验”按钮，并且工位提示区的文字也会不断变换颜色，量表示值区的数值自动变成 0 值，操作提示区的文字会变成“正在实验……”

的字样。导热油的温度会按照设定的升温速率升高，对试样进行加热，随着试样的受热软化，在砝码重力作用下，试样会变形或刺针刺入试样，且相应的位移数据会在量表示值区显示出来。

当某一个工位的变形量达到设定值的一个瞬间，对应的温度值会立即显示在工位提示区对应的位置，这个温度即为测试结果。

3. 保存实验数据

当实验成功完成后，可以保存实验数据和实验结果，在主界面按下“保存”按钮。如果现在还没有成功完成实验，则会提示实验不存在；如果成功完成实验，则会出现如图 4.12 所示的保存界面。

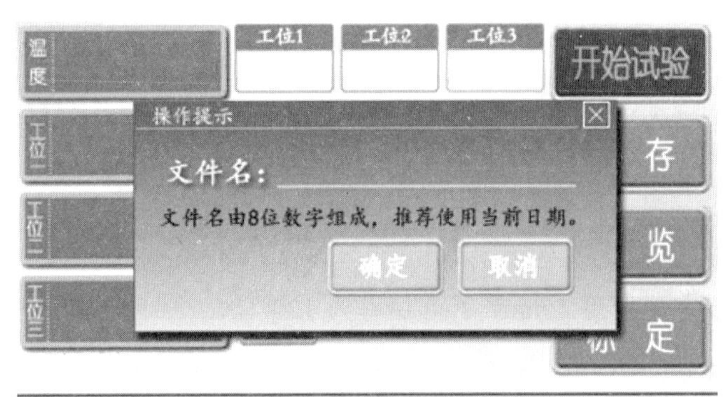

图 4.12　文件名输入提示

点击“文件名”后面的空白位置，会弹出数字键盘，输入由数字构成的文件名，文件名由 8 位数字构成，建议使用当前日期+序号来表示，以便于记忆，例如文件名“19010801”，表示 2019 年 1 月 8 日的第一个实验结果。

输入文件名后点击“确定”按钮，系统提示“正在保存”，稍等几秒钟后保存完成。

注：该结果保存在系统的 FLASH 存储器中，可以使用浏览按钮查看，由于该存储器容量有限，只能保存 5 份实验数据，保存新的实验数据时将会覆盖最早的实验

数据，建议及时将需要长期保存的数据用 U 盘导出。

4. 浏览、打印、导出实验数据

保存后的数据可以使用“浏览”功能来查看。在主界面中点击“浏览”按钮，打开如图 4.13 所示的浏览界面。

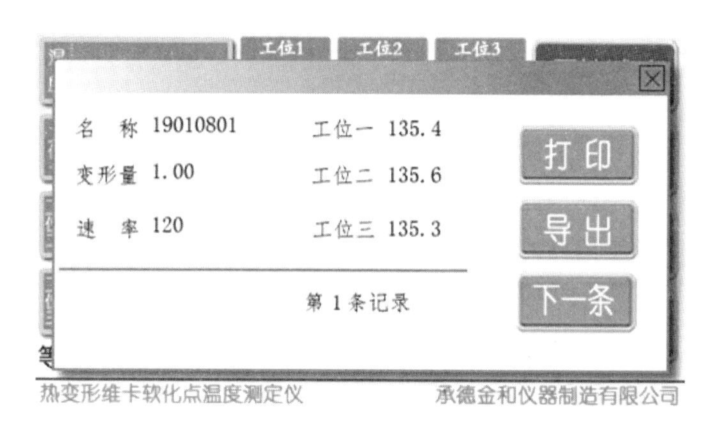

图 4.13　浏览记录界面

在浏览界面，显示文件名、设定的变形量、设定的升温速率和各工位的实验结果，按“下一条”按钮显示下一个记录，5 条记录循环显示。如果要打印简要的实验结果，按下“打印”键，结果从仪器自带的微型打印机打印出来。如果要从 U 盘导出，请提前插入 U 盘，按下“导出”按钮，详细数据会导出到 U 盘中。

导出到 U 盘的数据是 CSV 格式的 EXCEL 文件，可以用 EXCEL 直接打开。打开后开头几行数据是实验的参数设置和实验结果记录，后面的数据是实验过程中每隔 10 s 采集的实时数据，可以依据这个数据制作温度-位移关系曲线，进一步对实验数据进行分析。

5. 冷却过程

实验完成后，要做下一组实验，必须等待导热油冷却后才可以继续实验，按照标准规定，开始实验时导热油的起始温度要比实验结果至少低 50 ℃。

导热油温度在 100 ℃以上时，只能采用风冷形式降温，可以将试样架提起，使用电风扇对着工作台面进行吹风散热，加快散热速度，由于油温和室温相差比较大，降温速度也是比较大的。

当油温降到 100 ℃以下后，由于油温与室温温差越来越小，这时可以使用水冷方式快速降温。将自来水软管接到进水口（图 4.10），出水口连接软管通到下水道或水池中，轻轻打开自来水阀门，让冷却水缓缓流入仪器内，并从出水口流出，加快散热速度。

注 1：只有油温在 100 ℃以下时才可以使用水冷，否则可能会发生危险。

注 2：水冷结束后，要拔掉进水口和出水口的软管再进行升温实验，不可以一边通水一边升温，或者仪器内残留大量水时开始升温。

4.7.5 思考题

（1）影响维卡软化点测试的因素有哪些？

（2）测试聚合物材料维卡软化点有什么意义？

（3）材料的不同热性能测定数据是否具有可比性？

（4）维卡软化点与热变形温度的相同点与区别是什么？

4.8 聚合物熔体流动速率测定与流变特性分析

4.8.1 实验目的

（1）熟悉熔体流动速率测定仪的基本构造，掌握熔体流动速率测定仪测量聚合物熔体流动速率的使用方法。

（2）掌握熔体流动速率测定仪测量聚合物熔体流动速率的原理，设计并测定不同的温度、不同压力条件下多种聚合物的熔体流动速率。

（3）掌握聚合物流变特性各项参数之间的本质规律，能够结合计算建模理论，通过计算软件设计编程，获得聚合物各项流变特性参数，包括黏流活化能、运动黏度等。

（4）根据聚合物流变特性的影响因素，能够通过综合设计研究某一种因素（多相共混、增塑剂、填料体系等）对聚合物流变特性的影响，分析原因。

4.8.2　实验方案设计

（1）通过查阅文献，掌握聚合物流变特性，了解聚合物流变性能影响因素。

（2）以研究聚合物（PE、PP 等）流变性能影响因素为导向，选取合适的研究变量（多相共混、增塑剂、填料体系等），将其与聚合物混合，设计合理的实验方案。（设计指标：添加材料、用量）

（3）掌握聚合物熔体流动速率测试仪操作方法，测定纯聚合物与共混聚合物在不同温度下的熔体流动速率变化。（设计指标：温度、压力、切割速率）

（4）查阅文献，根据实际方案，建立合适的聚合物毛细管流变数学模型，通过数学分析软件编程。计算得到不同共混体系聚合物的黏流活化能和运动黏度。（设计指标：数学模型编程，模型错误会导致计算失败）

（5）根据计算得到聚合物流变性能参数，分析聚合物流变性能变化。结合文献和理论分析变化趋势是否正确，阐明流变性能变化的机理。

4.8.3　实验仪器和药品

（1）仪器：熔体流动速率测试仪、镊子、烧杯、分析天平等。

（2）药品：包括聚合物 PE、PP 等，增塑剂 DOP、填料轻质碳酸钙、滑石粉、石墨烯等。

（3）数值分析软件：1Stopt、Matlab、Origin 等。

4.8.4　实验原理

材料的挤出、压延、注射等成型过程以及合成纤维的熔融纺丝都必须在聚合物的熔融状态下进行，聚合物熔体流动性能的好坏对选择聚合物的成型加工方法以及确定加工工艺参数具有十分重要的意义。聚合物熔体的流动性能可以用不同方法来表征，但是在实际工业生产中，熔体流动速率（熔融指数）是表征聚合物熔体流动性能最常用的参数。

熔体流动速率（melt flow rate，MFR）被定义为：在一定的温度和压力下，聚合物熔体在 10 min 内流过一个规定直径和长度的标准毛细管的质量克数，单位为 g/10 min。所以，熔体流动速率的大小直接代表了聚合物熔体流动性能的高低，熔体流动速率越大，加工流动性越好。另一方面，熔体流动速率还具有表征聚合物分子量的功能。对于同一种聚合物来说，分子量越高，分子链之间的作用力就越大，链缠结也越严重，这会导致聚合物熔体的流动阻力增大，熔体流动速率下降。因此，根据同一类聚合物熔体流动速率的大小可以比较其分子量的高低。聚合物的熔体流动速率对温度有依赖性。刚性链聚合物的流动活化能比较大，温度对熔体流动速率的影响比较明显。随温度升高，熔体流动速率大幅度增加，可称之为“温敏性聚合物”。对柔性链聚合物，由于流动活化能比较低，所以温度对聚合物熔体流动速率的影响比较小。

聚合物熔体黏度与温度的关系式（Arrhenius 公式）为：

$$\eta = A_0 e^{\frac{\Delta E_\eta}{RT}} \tag{4.7}$$

式中，ΔE_η 是流动活化能；A_0 是与聚合物结构有关的常数。

同时，聚合物熔体在毛细管中流动的黏度与毛细管两端压差的关系式（Poiseuille 公式）为：

$$\eta = \frac{\pi R^4 \Delta P}{8QL} \tag{4.8}$$

式中，R 和 L 是毛细管的半径和长度；ΔP 是毛细管两端的压差；Q 是熔体的体积流动速率。

由熔体流动速率与熔体密度 ρ 的关系，熔体的体积流动速率可以表示为：

$$Q = \frac{\text{MFR}}{600\rho} \tag{4.9}$$

结合式（4.7）、式（4.8）、式（4.9），可以得到：

$$\text{MFR} \times \mathrm{e}^{\frac{\Delta E_\eta}{RT}} = \frac{75\pi R^4 \Delta P \rho}{A_0 L} \tag{4.10}$$

将式（4.10）两边取自然对数：

$$\ln \text{MFR} = \ln B \frac{\Delta E_\eta}{RT} \tag{4.11}$$

式中，$B = 75\pi \mathrm{R}^4 \dfrac{\Delta P \rho}{A_0 L}$。由式（4.11）可见，测定聚合物在不同温度下的熔体流动速率 MFR，以 ln MFR 对 $\dfrac{1}{T}$ 作图可得到一条直线，由直线的斜率可求得聚合物的流动活化能 ΔE_η，并可以求出不同温度下的熔体黏度 η。

4.8.5　实验步骤

对纯聚合物和选取的研究变量进行共混均匀并造粒，用于测定其熔体流动速率。

掌握 XNR-400C 型熔体流动速率实验机操作方法，该仪器由料筒、活塞杆、口模、控温系统、负荷、自动测试机构及自动切割等部分组成，其炉筒示意图及控制面板分别如图 4.14 和图 4.15 所示。

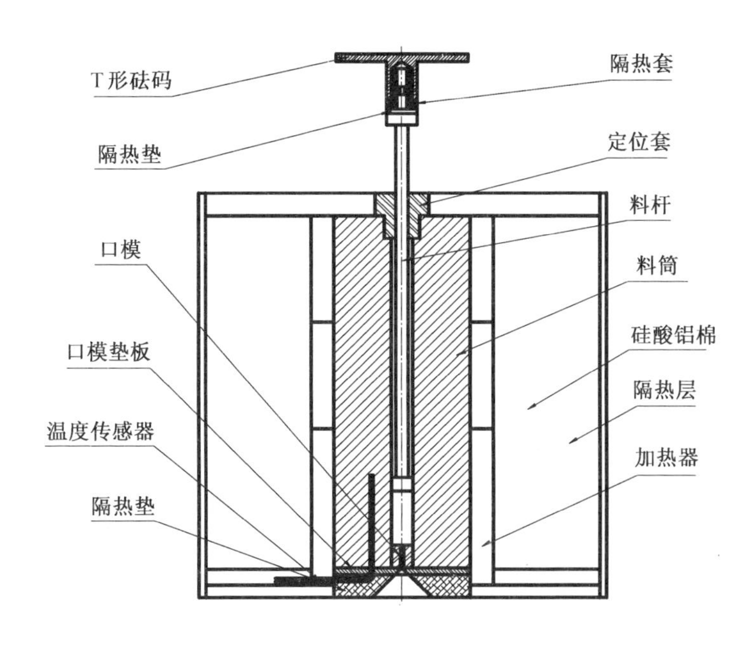

图 4.14　熔体流动速率实验机炉筒示意图

图 4.15　XNR-400C 控制面板

样品：聚乙烯等粒料。

熔体流动速率的测定：本台仪器主要通过标准口模毛细管的熔体质量（质量法），测定熔体流动速率（MFR）。

（1）将仪器调至水平。

（2）开机（按下左侧电源开关）。

（3）选择实验条件。若实验用样品是聚乙烯粒料，根据表 4.6、表 4.7 和表 4.8 可选用序号为 3 的标准实验条件，即实验温度设为 190 ℃，负荷为 2 160 g。由试样的预计熔体流动速率，确定试样加入量约为 5 g，切割时间间隔设为 60 s。

表 4.6　试样加入量和切割时间间隔

熔体流动速率/[g·(10 min)$^{-1}$]	试样加入量/g		切割时间间隔/s	
	GB 标准	ISO 标准	GB 标准	ISO 标准
0.1～0.5	3～4	4～5	120～240	240
0.5～1	3～4	4～5	60～120	120
1～3.5	4～5	4～5	30～60	60
3.5～10	6～8	6～8	10～30	30
>10	6～8	6～8	5～10	5～15

表 4.7　测定熔体流动速率的测试条件

序号	标准口模内径/mm	实验温度/℃	标称负荷/kg
1*	2.095	150	2.160
2	2.095	190	0.325
3	2.095	190	2.160
4	2.095	190	5.000
5	2.095	190	10.000
6	2.095	190	21.600
7	2.095	200	5.000
8	2.095	200	10.000
9	2.095	230	0.325
10	2.095	230	1.200
11	2.095	230	2.160
12	2.095	230	3.800
13	2.095	230	5.000
14	2.095	265	12.500
15	2.095	275	0.325
16	2.095	280	2.160
17	2.095	190	5.000
18	2.095	220	10.000
19	2.095	230	5.000
20**	2.095	300	1.200

注：*仅参照 ISO 标准，**仅参照国标。

表 4.8　常用热塑性塑料实验条件

实验条件	
聚乙烯 1、3、4、5、7	聚碳酸酯 20
聚甲醛 4	聚酰胺 10、16
聚苯乙烯 6、8、11、13	丙烯酸酯 9、11、13
ABS 8、9	纤维素酯 3、4
聚丙烯 12、14	—

（4）实验参数设置。在控制面板上，当上排数码管显示 20 1 时为初始状态，按【SET】键进入设置状态。按【▲】【▼】【◀】【▶】改变数值，将 0 改变为 1，则进入质量法的切割时间的设置过程中，同样方法将切割时间设置为 60 s，按【ENTER】键，返回初始状态。设置过程中，按【ENTER】键，进入下一参数的设置，按【ESC】键返回上一个实验参数的设置，如果正设置实验方法，则退回初始状态。

（5）加料。当温度达到设置值并稳定后，将称取好的样品装入料筒并压实，加料完毕后按【START】键开始实验，实验机将自动按程序执行预热、压料和切料操作。具体过程如下：按下【START】键后，此时上排数码管显示变为 1 11，表示进入质量法的实验状态的第一步预热过程，即预热 4 min，结束前 10 s 报警，时间到自动进入压料过程。如果实验温度稳定后，可按【ESC】键进入压料过程。上排数码管显示变为 1 12，压料 1 min，结束前 10 s 报警，时间到自动进入切料过程。如果试样流出的量可以保证取到有效的起始点，可按【ESC】键进入切料过程。上排数码管显示变为 1 13，切料 10 次，结束后返回初始状态。如果第一根有效样条长度不合适，可按【SET】键重新设置切料间隔时间，然后按【ENTER】键返回，系统则重新开始本过程。

（6）样条冷却后，置于天平上称重。

（7）清洗设备。每次实验完毕，在砝码上方加压，将余料快速挤出后，抽出料杆，用清洁纱布趁热擦洗干净。然后，拉动炉膛下面的拨轴使口模自上而下漏出料筒（如口模不能自动漏出，可用压料杆伸进料筒轻压，口模即可漏出），用口模清洗杆及纱布清洗口模内外。最后，在料筒上部加料口铺上干净纱布（50 mm×50 mm，二层），将清洗杆压住纱布插入料筒内，反复旋转抽拉多次，以清洗料筒。

（8）根据实际的实验设计方案，基于聚合物毛细管流变模型，使用 1Stopt 数值分析软件进行编程，求得聚合物的流动活化能 ΔE_{η}和不同温度下的熔体黏度 η。

4.8.6 实验报告要求

（1）简述实验原理、操作步骤及注意事项，并完成预习报告思考题。

（2）原始记录（包括试样质量，测定速率，实验温度、压力）计算公式及其结果。

（3）根据实验原理设计 1Stop 计算程序，并附拟合结果。

（4）完成实验报告思考题。

4.8.7　注意事项

（1）加热情况下严禁用手触碰料筒或流出物料，以免烫伤。

（2）严禁用手触碰割刀，以免划伤。

（3）做完实验一定要在物料熔融状态下清理干净，然后才能关闭加热。

4.8.8　思考题

（1）预习报告思考题。

①实验操作中有何危险事项，如何避免？

②研究聚合物的流变性能在实际当中有哪些应用价值？

③对于纯聚合物而言，熔体流动速率与聚合物分子结构之间有何关系？

（2）实验报告思考题。

①在实际实验中对预习方案做了哪些改进，为什么？

②实验过程中会有哪些因素影响实验误差？

③测量熔体流动速率时为什么要测 5 段挤出样？为什么不能直接取 10 min 流出质量？

第 5 章　聚合物分析与测试方法实验

5.1　聚乙烯、聚氯乙烯、聚苯乙烯和丙烯酸丁酯的红外光谱的测绘

5.1.1　实验目的

本实验为演示性实验，通过实验教师的实验演示，达到以下实验目的：

（1）熟悉溴化钾压片法和溶液铸模法制备固体样品。

（2）了解液膜法制备液体样品。

（3）学习并掌握基本的 Bruker-Tensor 红外分光光度计的使用方法。

（4）初步学会对红外吸收光谱进行解析。

5.1.2　实验原理

物质分子中的各种不同基团，在有选择性地吸收不同频率的红外辐射后，发生振动能级之间的跃迁，可形成各自独特的红外吸收光谱。据此，可对物质进行定性、定量分析，特别是对化合物结构的鉴定，应用更为广泛。

基团的振动频率和吸收强度与组成基团的原子质量、化学键类型及分子的几何构型等有关。因此根据红外吸收光谱的峰位、峰强、峰形和峰数目，可以判断物质中可能存在的某些官能团，进而推断未知物的结构。如果分子比较复杂，还需结合紫外光谱、核磁共振谱和质谱等手段做综合判断。最后可通过与未知样品相同测定条件下得到的标准样品的谱图或已发表的标准谱图（如 Sadlter 红外光谱图等）进行分析比较，作出进一步的证实。如果找不到标准样品或者标准谱图，则可根据所推测的某些官能团，用制备模型化合物的方法来核实。

5.1.3　实验仪器和药品

（1）仪器：红外分光光谱仪、压片机、玛瑙研钵。

（2）药品：聚乙烯、聚氯乙烯、聚苯乙烯薄膜、丙烯酸丁酯、甲苯、溴化钾（130 ℃下干燥 24 h，存于干燥器中）。

5.1.4　实验内容

1. 波数检验

将聚苯乙烯薄膜直接放入试样安放处，从 4 000～400 cm^{-1} 进行波数扫描，得到吸收图谱，并与仪器所存（或说明书）标准谱图进行对照。对 2 850.7 cm^{-1}、1 601.4 cm^{-1}、906.7 cm^{-1} 的吸收峰进行检验，要求 4 000～2 000 cm^{-1} 范围内，波数误差不大于±10 nm；2 000～600 cm^{-1} 范围内，波数误差不大于±3 nm。

2. 压片法测聚乙烯、聚氯乙烯的红外光谱

取 2 mg 聚乙烯或聚氯乙烯，加入 100 mg 溴化钾粉末，在玛瑙研钵中充分磨细（颗粒约 2 μm），使之混合均匀，将其在红外灯下烘 10 min。在压片机上压成透明薄片。将夹持薄片的螺母插入试样安放处，从 4 000～400 cm^{-1} 进行波数扫描，得到吸收光谱。

3. 液膜法测丙烯酸丁酯的红外光谱

液体试样的测定：压制溴化钾盐片，滴加丙烯酸丁酯液体试样于盐片上，将此盐片放于光路中，从 4 000～400 cm^{-1} 进行波数扫描，得到吸收光谱。

4. 溶液铸膜法测聚苯乙烯的红外光谱

将聚苯乙烯溶于甲苯，并将上层清液倾出，在通风橱中挥发浓缩，浓缩液倒在干净的玻璃板上，干燥后揭下薄膜，直接做红外光谱。还可用聚四氟乙烯棒切削成具有平滑内底面的圆盘状模具，制膜时把试样溶液倒入模具，采用试样溶液的浓度和溶液的量来控制薄膜的厚度。待溶剂挥发干后，由于聚四氟乙烯光滑容易脱模，可以很方便地取下薄膜，而且聚四氟乙烯耐腐蚀性极强，各种溶剂配制的溶液均可

使用聚四氟乙烯模具。将夹持薄片的螺母插入试样安放处，从 4 000～400 cm^{-1} 进行波数扫描，得到吸收光谱。

5. 测聚乙烯薄膜的红外光谱

将聚乙烯薄膜放于光路中，从 4 000～400 cm^{-1} 进行波数扫描，得到吸收光谱。

注：聚乙烯、聚氯乙烯、丙烯酸丁酯和乙醇以溴化钾为背景，聚苯乙烯薄膜和聚乙烯薄膜以空气为背景。

5.1.5 思考题

（1）用压片法制样时，为什么要求将固体试样研磨到颗粒度在 2 μm？为什么要求 KBr 粉末干燥、避免吸水受潮？

（2）对于高聚物固体材料，很难研磨成细小的颗粒，采用什么方法比较可行？

（3）芳香烃的红外特征吸收在谱图的什么位置？

（4）羟基化合物谱图的主要特征是什么？

（5）在含氧有机化合物中，如在 1 900～1 600 cm^{-1} 区域存在强吸收谱带，能否断定分子中有羰基存在？

5.2 苯乙烯、聚苯乙烯、苯和苯酚的紫外光谱的测绘

5.2.1 实验目的

本实验为演示性实验，通过实验教师的实验演示，达到以下实验目的：

（1）掌握 UV-2100 型紫外可见分光光度计的原理及其可分析物质的结构特征。

（2）学习有机化合物紫外吸收光谱的绘制方法。

（3）了解助色团对苯吸收光谱的影响。

（4）观察溶液的酸碱性对苯酚吸收光谱的影响。

5.2.2 实验原理

紫外可见分光光度法是基于物质分子对光的选择性吸收建立起来的分析方法。

波长在 200～400 nm 范围的光称为紫外光，人眼能感觉到的光的波长在 400～750 nm 之间，称为可见光。电子跃迁所需的能量为 1～20 eV，因此由价电子跃迁而产生的分子光谱位于紫外及可见光波段。测量某种物质对不同波长光的吸收程度，以波长为横坐标，吸光度为纵坐标，可得到吸收光谱曲线，它能清楚地反映物质对光的吸收情况。

具有不饱和结构的有机化合物，特别是芳香族化合物，在近紫外区（200～400 nm）有特征地吸收，给鉴定有机化合物提供了有用的信息。苯有三个吸收带，它们都是 $\pi\rightarrow\pi^*$ 跃迁引起的，E_1 带：λ_{max}=180 nm（ε=60 000 L/（cm·mol）），E_2 带：λ_{max}=204 nm（ε=8 000 L/（cm·mol）），两者都属于强吸收带，B 带：出现在 230～270 nm，其 λ_{max}=254 nm（ε=230 L/（cm·mol））。当苯环上有取代基时，苯的三个吸收带都将发生显著的变化，苯的 B 带显著红移，并且吸收强度增大。

溶液的酸碱性对有机化合物的紫外吸收光谱有一定的影响，苯酚在碱性溶液中失去 H^+ 成负氧离子，形成一对新的非键电子，增加了羟基与苯环的共轭效应，吸收谱带红移。

5.2.3 实验仪器和药品

（1）仪器：UV-2100 型紫外可见分光光度计、带盖石英比色皿（1 cm）。

（2）药品：苯乙烯、聚苯乙烯、苯、苯酚、乙醇、环己烷。苯乙烯的环己烷溶液（0.3 mg/mL）、聚苯乙烯的环己烷溶液（0.3 mg/mL）、苯的乙醇溶液（1∶250），苯酚的乙醇溶液（0.3 mg/mL），苯酚的盐酸溶液（0.3 mg/mL）、苯酚的氢氧化钠溶液（0.3 mg/mL）、0.1 mol/L HCl 溶液、0.1 mol/L NaOH 溶液。

5.2.4 实验内容

1. 苯乙烯、聚苯乙烯、苯、苯酚的吸收光谱测绘

在六个 100 mL 的容量瓶中，分别加入苯乙烯、聚苯乙烯、苯、苯酚溶液 1.0 mL，用相应溶剂稀释至刻度，摇匀。用石英比色皿，以相应溶剂为参比，在 240～300 nm 波长范围内测吸光度 A 值，每隔 2 nm 测量 A 值，绘出 A-λ 吸收曲线。观察各吸收光

谱的图形，找出其λ_{max}，红移了多少纳米？

2. 助色基对吸收光谱的影响

在两个 100 mL 的容量瓶中，各加入苯和苯酚溶液 0.60 mL，用乙醇稀释至刻度，摇匀。用石英比色皿，以乙醇为参比，在 240～300 nm 波长范围内测吸光度 A 值，绘出 A-λ吸收曲线。比较吸收光谱λ_{max}的变化。

3. 溶液的酸碱性对苯酚吸收光谱的影响

在两个 100 mL 的容量瓶中，各加入苯酚溶液 0.60 mL，分别用 0.1 mol/L HCl 溶液、0.1 mol/L NaOH 溶液稀释至刻度，摇匀。用石英比色皿，分别以 0.1 mol/L HCl 溶液、0.1 mol/L NaOH 溶液为参比，在 240～300 nm 波长范围内测吸光度 A 值，绘出 A-λ吸收曲线。比较吸收光谱λ_{max}的变化。

4. 共轭程度对吸收光谱的影响

在两个 100 mL 的容量瓶中，各加入聚苯乙烯和苯乙烯溶液 0.60 mL，用环己烷稀释至刻度，摇匀。用石英比色皿，以环己烷为参比，在 240～300 nm 波长范围内测吸光度 A 值，绘出 A-λ吸收曲线。比较吸收光谱λ_{max}的变化。

5.2.5 UV-2100 型紫外可见分光光度计的操作步骤

（1）接通电源，至仪器自检完毕，显示器显示“100.0，546 nm”即可进行测试。

（2）用“MODE”键设置测试方式：吸光度（A）。

（3）用“WAVELENGTH”键设置测试波长。

（4）用“D_2”键选择光源：氘灯。

（5）将参比样品溶液和被测样品溶液分别倒入比色皿中，打开样品室盖，将盛有溶液的比色皿分别插入比色皿槽中，盖上样品室盖。

（6）将参比样品溶液推入光路中，按“0A/100%T”键，直至显示器显示“0.000”为止。

（7）将被测样品溶液推入光路中，即可从显示器上得到被测样品的吸光度 A 值。

（8）每当分析波长改变时，必须重新调整 0A/100%T，否则仪器将不会继续工作。

5.2.6　思考题

（1）综述紫外吸收光谱分析的基本原理。

（2）分子中哪类电子的跃迁将会产生紫外吸收光谱？

（3）聚苯乙烯、聚乙烯、聚碳酸酯三种聚合物在 200～400 nm 的紫外区有吸收吗？为什么？

5.3　聚乙烯热重分析

5.3.1　实验目的

本实验为演示性实验，通过实验教师的实验演示，达到以下实验目的：

（1）掌握热重分析/微商热重分析的原理，依据热重/微商热重曲线解析样品的质量变化过程。

（2）了解 TG209F3 热重分析仪的基本构造、工作原理及使用方法。

（3）用 TG209F3 热重分析仪测定样品的热重/微商热重曲线，并通过计算机处理数据。

5.3.2　实验原理

1. 热重分析法

热重分析法（thermogravimetry analysis，简称 TG 或 TGA）是使样品处于一定的温度程序（升 / 降 / 恒温）控制下，观察样品的质量随温度或时间的变化过程，获取失重比例、失重温度（起始点、峰值、终止点），以及分解残留量等相关信息。

TG 方法广泛应用于塑料、橡胶、涂料、药品、催化剂、无机材料、金属材料与复合材料等各领域的研究开发、工艺优化与质量监控。可以测定材料在不同气氛下的热稳定性与氧化稳定性，可对分解、吸附、解吸附、氧化、还原等物化过程进行分析，包括利用 TG 测试结果进一步做表观反应动力学研究。可对物质进行成分的定量计算，测定水分、挥发成分及各种添加剂与填充剂的含量。

2. TG209F3 热重分析仪

热重分析仪的基本原理如图 5.1 所示，TG209F3 热重分析仪如图 5.2 所示。

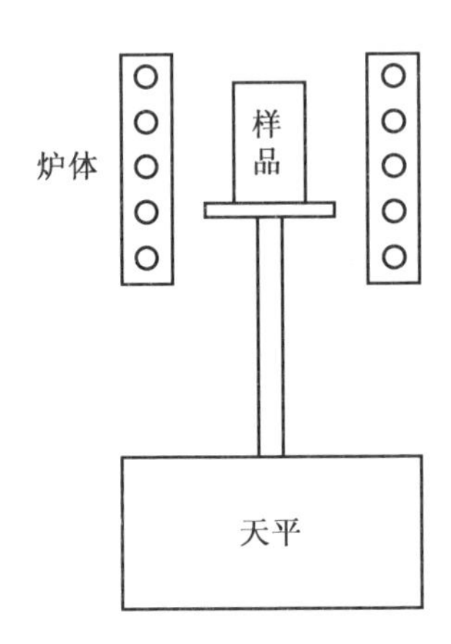

图 5.1　热重分析仪基本原理示意图

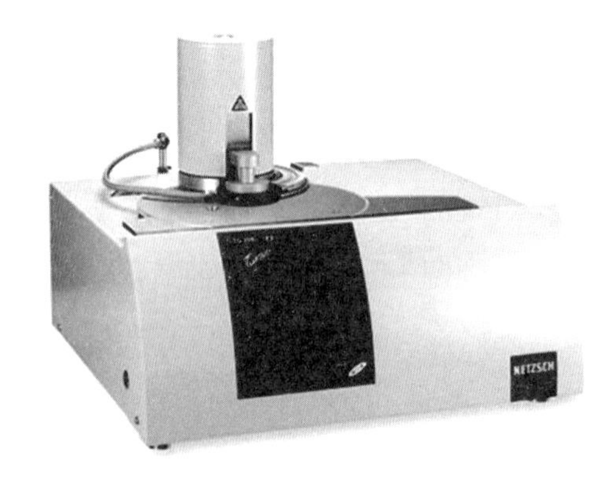

图 5.2　TG209F3 热重分析仪

图 5.1 为顶部装样式的热重分析仪结构示意图。炉体为加热体，在一定的温度程序下运作，炉内可通以不同的动态气氛（如 N_2、Ar、He 等保护性气氛，O_2、空气等氧化性气氛及其他特殊气氛等），或在真空或静态气氛下进行测试。在测试过程中样品支架下部连接的高精度天平随时感知到样品当前的质量，并将数据传送到计算机，由计算机画出样品质量对温度/时间的曲线（TG 曲线）。当样品发生质量变化（其原因包括分解、氧化、还原、吸附与解吸附等）时，会在 TG 曲线上体现为失重（或增重）台阶，由此可以得知该失/增重过程所发生的温度区域，并定量计算失/增重比例。若对 TG 曲线进行一次微分计算，得到热重微分曲线（DTG 曲线），可以进一步得到质量变化速率等更多信息。

TG209F3 热重分析仪结构示意图如图 5.3 所示。

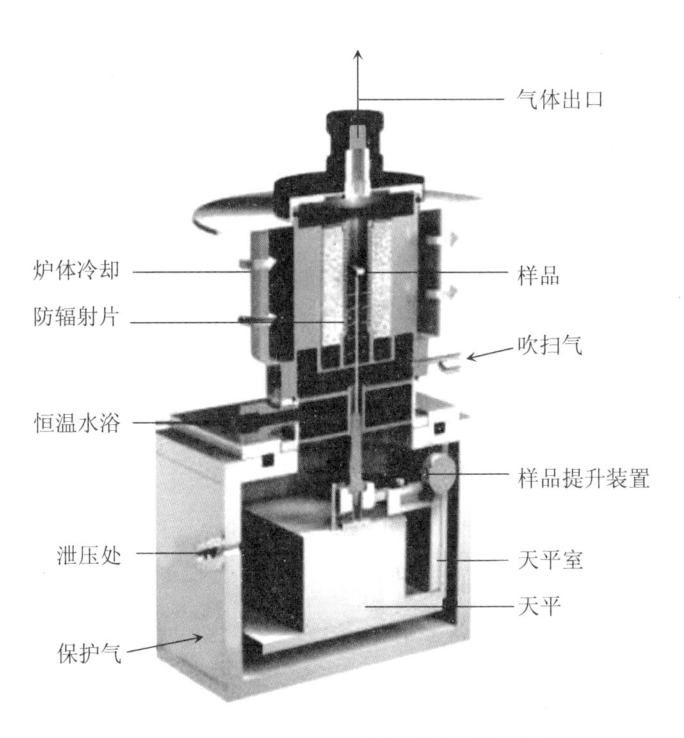

图 5.3　TG209F3 热重分析仪结构示意图

图 5.3 中可以看到保护气和吹扫气，其中保护气通常使用惰性的 N_2，经天平室、支架连接区而通入炉体，可以使天平处于稳定而干燥的工作环境，防止潮湿水汽、热空气对流以及样品分解污染物对天平造成影响。仪器允许同时连接两种不同的吹扫气类型（吹扫气 1，吹扫气 2），并根据需要在测量过程中自动切换或相互混合。常见的接法是其中一路连接 N_2 作为惰性吹扫气氛，应用于常规应用；另一路连接空气，作为氧化性气氛使用。在气体控制附件方面，可以配备传统的转子流量计、电磁阀，也可配备精度与自动化程度更高的质量流量计（MFC）。

气体出口位于仪器顶部，可以将载气与气态产物排放到大气中，也可使用加热的传输管线进一步连接傅里叶变换红外光谱仪（FTIR）、四极杆质谱仪（QMS）、气相色谱-质谱（GC-MS）等系统，将产物气体输送到这些仪器中进行成分检测。仪器的顶部装样结构与自然流畅的气路设计，使得载气流量小、产物气体浓度高、信号滞后小，非常有利于与这些系统相联用，进行逸出气体成分的有效分析。

仪器配备有恒温水浴，将炉体与天平两个部分相隔离，可以有效防止当炉体处于高温时热量传导到天平模块。再加上由下而上持续吹扫的保护气体防止了热空气对流造成的热量传递，以及样品支架周围的防辐射片隔离了高温环境下的热辐射因素，种种措施充分保证了高精度天平处于稳定的温度环境下，不受高温区的干扰，确保了热重信号的稳定性。

在炉体冷却方面，TG209F3 使用风扇冷却。TG209F3 为气密性结构，可以外接真空泵，进行抽真空与气体置换操作，能够有效保证惰性气体的纯净性。

5.3.3 实验仪器和试样

（1）仪器：TG209F3 热重分析仪 1 套。

（2）待测样品：聚乙烯。

5.3.4　实验步骤

1. 开机

先开水浴和 TG209F3 热重分析仪，再开计算机，打开测量软件，在“诊断”中将“气体与开关”中吹扫气 2 和保护气打开，然后打开钢瓶总开关，将减压阀输出调到 0.03 MPa 左右。

2. 测量

（1）新建测量：首先点击测量软件菜单项“文件”→“打开”，打开合适的基线文件，随后弹出“测量设定”对话框。在“测量类型”中选择“修正+样品”模式。

（2）快速设定：在“快速设定”页面中，可输入样品名称与样品编号。点击“样品质量：”下侧的“称重”按钮，在弹出的对话框中，按照提示进行样品称重。

（3）确认其他设置（基本信息、温度程序）：完成“快速设定”页面的设置后，点击“下一步”，首先进入“设置”页面，确认仪器的相关硬件设置。再点击“下一步”进入“基本信息”页面，输入实验室、项目、操作者等其他相关信息。再点击“下一步”，进入温度程序编制界面，温度程序确认或调整之后，点击“下一步”，进入“最后的条目”页面。在此页面中确认存盘文件名。最后点击下方“测量”按钮，软件自动退出上述实验设定对话框，并弹出“TG209F3 在……调整”对话框。

（4）初始化工作条件与开始测量：点击“TG209F3 在……调整”对话框中的“初始化工作条件”，即可点击“开始”开始测量。自动打开各路气体并将其流量调整到“初始”段的设定值。随后点击“诊断”菜单下的“炉体温度”与“查看信号”，调出相应的显示框。

3. 测量完成

待炉体温度降至 100 ℃以下后，按动仪器左侧的 SAFE 按钮升起支架，拉动样品室气压平衡阀，打开炉盖，取出样品。再按动 SAFE 按钮降下支架，合上炉盖。点击“工具”菜单下的“运行分析程序”，将测量曲线调入分析软件中进行分析。

4. 关机

打开测量软件，在“诊断”中将“气体与开关”打开，将三路（或仅有的两路）气体均打开，然后关钢瓶开关，等减压阀压力显示为零后，将输出调节的旋钮拧到零位。再关软件，关计算机，关仪器及水浴。

5.3.5 思考题

（1）何谓热分析？由热分析可得到哪些信息？

（2）从热重法可得到什么信息？影响热重曲线的因素有哪些？

（3）根据热重曲线，如何确定乙烯-乙酸乙烯酯共聚物的组成？

（4）采用热重分析技术，如何确定由聚苯乙烯和聚甲基苯乙烯组成的聚合物体系是无规共聚物或是均聚物的共混物？

5.4 聚对苯二甲酸乙二醇酯差示扫描量热分析

5.4.1 实验目的

本实验为演示性实验，通过实验教师的实验演示，达到以下实验目的：

（1）掌握差示扫描量热分析的基本原理。

（2）了解 DSC6220 热分析仪的基本构造、工作原理及使用方法。

（3）了解应用 DSC 测定聚合物的 T_g、T_c、T_m、ΔH_f 及结晶度 X_c 的方法。

5.4.2 实验原理

差示扫描量热法（DSC）是指在温度程序控制下，测量输入到被测物质与参比物之间的能量差与温度之间的关系的一种方法技术。

图 5.4 为功率补偿式 DSC 仪器示意图，在试样（S）和参比物（R）下面分别增加一个补偿加热丝，此外还增加一个功率补偿放大器，当试样发生热效应时，譬如放热，试样温度高于参比物温度，放置在它们下面的一组差示热电偶产生温差电势

$U_{\Delta T}$，经差热放大器放大后送入功率补偿放大器，功率补偿放大器自动调节补偿加热丝的电流，使试样下面的电流 I_S 减小，参比物下面的电流 I_R 增大，而 I_S+I_R 保持恒定。降低试样的温度，增高参比物的温度，使试样和参比物之间的温差 ΔT 趋于零。上述热量补偿能及时、迅速完成，使试样和参比物的温度始终维持相同。

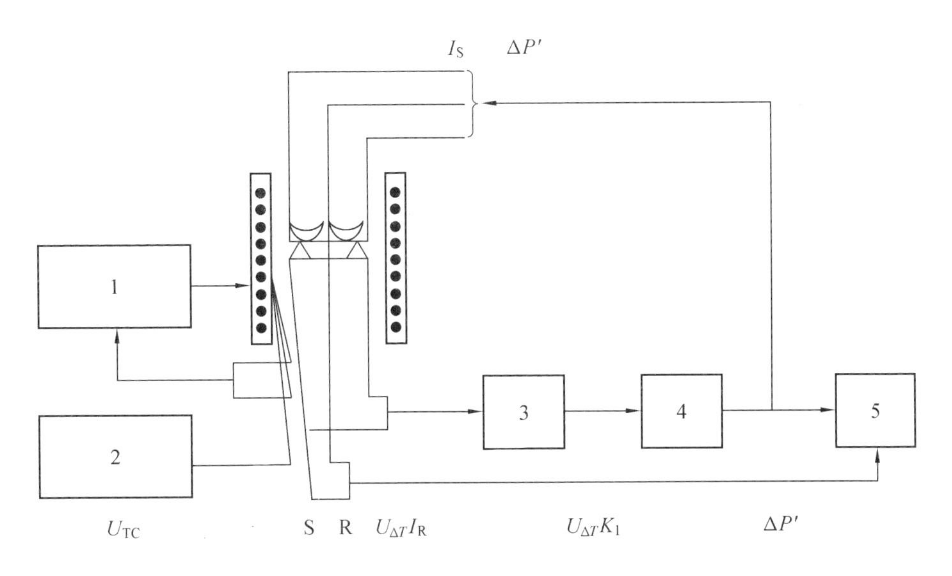

图 5.4　功率补偿式 DSC 示意图

1—温度程序控制器；2—气氛控制器；3—差热放大器；4—功率补偿放大器；5—记录仪

设试样和参比物下面的补偿加热丝的电阻值相同，即 $R_S=R_R=R$，补偿电热丝上的电功率为 $P_S=I_S^2R$ 和 $P_R=I_R^2R$。当样品没有热效应时，$P_S=P_R$；当样品存在热效应时，P_S 和 P_R 的差 ΔP 能反映样品放（吸）热的功率：

$$\Delta P = P_S - P_R = I_S^2 R - I_R^2 R = (I_S + I_R)(I_S - I_R)R = (I_S + I_R)\Delta V = I\Delta V \tag{5.1}$$

由于总电流 I_S+I_R 为恒定，所以样品的放（吸）热的功率 ΔP 只和 ΔV 成正比，因此只要记录 ΔP 随温度 T 或者时间 t 的变化就是试样放热速度（或者吸热速度）随 T（或 t）的变化，这就是 DSC 曲线。

DSC 曲线的纵坐标代表试样放热或吸热的速度，即热流速度，单位是 mJ/s，横坐标代表时间或温度，从左到右表示增加，同样规定吸热峰向下，放热峰向上。

试样放热或吸热的热量为：

$$\Delta Q = \int_{t_2}^{t_1} \Delta P' \mathrm{d}t \tag{5.2}$$

式（5.2）右边的积分就是峰的面积，在 DSC 中，峰的面积是维持试样与参比物温度相等所需要输入的电能的真实量度，即 DSC 是直接测量样品所产生的热效应的热量，它与仪器的热学常数或试样热性能的各种变化无关，因此可进行定量分析。

但是试样和参比物与补偿加热丝之间总是存在热阻，补偿的热量有些失漏，因此热效应的热量应该是 $\Delta Q=KA$，K 为仪器常数，可由标准物质实验确定，这里的 K 不随温度、操作条件而变，这就是 DSC 比 DTA 定量性能好的原因；同时试样和参比物与热电偶之间的热阻可做得尽可能小，这就使 DSC 对热效应的响应快、灵敏，峰的分辨率好。

5.4.3　实验仪器和试样

（1）仪器：DSC6220 热分析仪 1 套。

（2）待测样品：聚对苯二甲酸乙二醇酯，参比物：α-Al_2O_3。

5.4.4　实验内容

1. 准备工作

（1）开机：开启计算机和 DSC 测试仪，同时打开氮气阀，控制气流量 20 mL/min。

（2）打开测试软件，建立新的测试窗口和测试文件。

（3）设定测量参数：测量类型；样品；操作者；材料；样品编号；样品名；样品质量。

（4）在计算机中编制温控程序参数：设定程序温度时，初始温度要比测试过程中出现的第一个特征温度至少低 50～60 ℃。初始温度设定为 20 ℃并以 20 ℃/min 升温速率升温至 300 ℃，保温 1 min；以 20 ℃/min 降温速率降温至 20 ℃，保温 2 min；

继续以 10 ℃/min 升温速率升温至 300 ℃，保温 1 min。

2. 样品测试

（1）将装有准确称重的待测样品的坩埚和参比坩埚放入样品池。

（2）开始测试，仪器自动开始运行，运行结束后得到谱图。

（3）用随机软件处理谱图，确定样品的玻璃化转变温度 T_g、熔融温度 T_m、结晶温度 T_c。对冷结晶和熔融峰的峰面积进行积分得到相应的热焓ΔH_f，用于计算聚合物的结晶度 X_c。

3. 关机

温度降至室温时，取出样品池中的样品坩埚。关闭测试仪。

5.4.5 思考题

（1）影响 DSC 的主要因素有哪些？测试同一组试样时如何保持测试条件的一致性？

（2）在 DSC 谱图上怎样辨别 T_g、T_c 和 T_m？

（3）为什么 DSC 测试的上限温度必须低于样品的分解温度？

第 6 章　聚合物加工工程实验

6.1　软/硬质聚氯乙烯的成型及撕裂强度测试

6.1.1　实验目的

（1）掌握软/硬质聚氯乙烯的混合、塑炼方法及压制成型方法。

（2）了解 PVC 的相关添加剂类型，PVC 原料的品种和加工特性，学会设计常用 PVC 的塑料配方。

（3）正确掌握双辊炼胶机的操作方法，了解该设备的基本结构，学会使用高速混合器、液压机等设备。

（4）压制成型板材或薄膜的厚度应均匀一致，测试软质聚氯乙烯（SPVC）的撕裂强度。

（5）分析配方和混合塑炼条件对产品性能的影响。

6.1.2　实验原理

软质聚氯乙烯（SPVC）的混合与塑炼是一种制备 SPVC 半成品的方法，将 PVC 树脂与各种助剂根据产品性能要求混合后，经过混合塑化，便可得到一定厚度的薄片，用于切粒或给压延机供料，在实验室中，也可通过测定薄片的性能，分析配方和研究混合塑炼条件对产品性能的影响。

配方的设计、混合及塑炼的基本原理如下。

1. 配方的设计

配方的设计是树脂成型过程的重要步骤，对于聚氯乙烯尤其重要。为了提高聚氯乙烯的成型性能和稳定性，获得良好的制品性能，并降低成本，必须在聚氯乙烯中配以各种助剂。聚氯乙烯配方中各组分的作用是相互关联的，不能孤立地选配，在选择组分时，应全面考虑各方面的因素，按照不同制品的性能要求、原材料来源、价格以及成型工艺进行设计。

聚氯乙烯塑料配方通常含有以下组分：

（1）树脂：树脂的性能应满足各种加工成型和最终制品的性能要求，用于软质聚氯乙烯塑料的树脂通常为绝对黏度 1.8～2.0 mPa·s 的悬浮疏松型树脂。

（2）稳定剂：稳定剂的加入可防止聚氯乙烯树脂在高温加工过程中发生降解而使性能变坏。聚氯乙烯配方中所用稳定剂通常按化学组分分成四类：铅盐类、金属皂类、有机锡类和环氧脂类。

（3）润滑剂：润滑剂的主要作用是防止黏附金属，延迟聚氯乙烯的凝胶作用，降低熔体黏度。润滑剂可按其作用分为外润滑剂和内润滑剂两大类。

（4）填充剂：在聚氯乙烯塑料中加入填充剂，可大大降低产品成本，改进制品的某些性能。常用的填充剂有碳酸钙等。

（5）增塑剂：可增加树脂的可塑性、流动性，使制品具有柔软性。SPVC 中增塑剂为 40%～70%（质量分数）。常用的增塑剂有邻苯二甲酸酯、己二酸、癸酸酯类及磷酸酯类。

此外，还可根据制品需要加入颜料、阻燃剂及发泡剂等。聚氯乙烯配方中各组分的作用是相互关联的，不能孤立地选配，在选择组分时，应全面考虑各方面的因素，按照不同制品的性能要求、原材料来源、价格以及成型工艺进行设计。

2. 混合

混合是使多相不均态的各组分转变为多相均态的混合料，常用的混合设备有 Z 型捏合机和高速混合器。

高速混合器是密闭的高强力、非熔融的立式混合设备，由圆筒形混合室和设在混合室底部的高速转动的叶轮组成。在固定的圆筒形容器内，由于搅拌叶的高速旋转而促使物料混合均匀，除了使物料混合均匀外，还有可能使塑料预塑化。在圆筒形混合室内，设有挡板，挡板的作用是使物料呈流线状，有利于物料的分散均匀，在混合时，物料沿容器壁急剧散开，造成旋涡状运动，粒子的相互碰撞和摩擦导致物料温升，水分逃逸，增塑剂被吸收，物料与各组分助剂分散均匀。为提高生产效率，混合过程一般需要加热，并按需要顺序加料。

SPVC 配方中加有大量的增塑剂，为保证混合料在捏合中分散均匀，必须考虑以下因素：

（1）PVC 与增塑剂的相互作用。树脂在增塑剂中发生体积膨胀（称之为“溶胀”），当树脂体积膨胀到分子间相对活动足够小时，树脂大分子和增塑剂小分子相互扩散，从而逐步溶解。影响溶胀完善、分散均匀的主要因素有混合温度、PVC 树脂的结构以及所用增塑剂与树脂的相容性。

（2）多种组分的加料顺序。为了保证混合料分散均匀，还必须注意加料顺序，应先将增塑剂和 PVC 树脂混合使相溶胀完善，再将填充剂混入，以免增塑剂首先掺入填充剂颗粒中。

此外，混合时间以及搅拌桨形式均影响混合料的均匀性。

3. 塑炼

塑炼的目的是使物料在剪切作用下热熔，剪切混合达到期望的柔软度和可塑性，使各组分分散更趋均匀，并可驱逐物料中的挥发物。塑炼的主要控制因素是塑炼温度、时间和剪切力。塑炼常用设备为双辊炼胶机，在生产中也可通过密炼或挤出机完成塑化过程。

聚氯乙烯硬板（HPVC、RPVC）的制作跟 SPVC 基本一致。不同的是：树脂的绝对黏度有些差异，即 PVC 树脂的绝对黏度为 1.5～1.8 mPa·s。

为改善聚氯乙烯树脂作为硬质塑料应用所存在的加工性、热稳定性、耐热性和冲击性差的缺点，常常按要求加入各种改性剂，改性剂主要有以下几类。

（1）冲击性能改性剂：用以改进聚氯乙烯的抗冲击性及低温脆性等，常用的有氯化聚乙烯（CPE）、乙烯-醋酸乙烯共聚物（EVA）、丙烯酸酯类共聚物（ACR）、丙烯腈-丁二烯-苯乙烯共聚物（ABS）及甲基丙烯酸甲酯-丁二烯-苯乙烯接枝共聚物等。

（2）加工改性剂：其作用只改进材料的加工性能而不会明显降低或损害其他物理性能的物质，常用的加工改性剂如丙烯酸酯类、α-甲基苯乙烯低聚物及丙烯酸酯和苯乙烯共聚物。

另外，HPVC 制品，一般不加或少加（5%以下）增塑剂，以避免其对某些性能（如耐热性和耐腐蚀性）的影响。

此外，还可根据制品需要加入颜料、阻燃剂及发泡剂等。

4. 压制

压制法生产聚氯乙烯硬板，是将聚氯乙烯树脂及各种助剂经过混合、塑化、压成薄片，在压机中经加热、加压，并在压力下冷却成型而制得的。用压制生产的硬板光洁度高，表面平整，厚度和规格可以根据需要选择和制备，是生产大型聚氯乙烯板材的一种常用方法。

压制是在一定温度、时间和压力下，将叠合的聚氯乙烯薄片加热到黏流温度，并施加压力，加压到一定时间后，在压力下进行冷却的过程。压制过程的影响因素有压制温度、压力和压制时间等。

6.1.3　实验仪器及药品

1. 软质聚氯乙烯（SPVC）混合料所用原料

（1）稳定剂：三盐基硫酸铅、二盐基亚磷酸铅、硬脂酸盐类。

（2）润滑剂：石蜡、硬脂酸酯等。

（3）增塑剂：邻苯二甲酸二辛酯（DOP）以及邻苯二甲酸二丁酯（DBP）等。

2. 增塑所用的设备

B160 mm×320 mm 双辊炼胶机，它由机座、辊筒、辊筒轴承、紧急刹车、调距装置及辅助设施等组成。

加热方式为电加热；辊筒速比为 1∶1.35；辊距可调。

3. 聚氯乙烯成型所用仪器

（1）高速混合器，BJ-10 型，容积 10 L；转速 750～2 500 r/min。

（2）双辊炼胶机，B160 mm×320 mm；辊筒速比为 1∶1.35；加热方式为电加热。

（3）平板硫化机，最大关闭压力 250 kN，工作液最大压力 15 MPa，柱塞最大行程 150 mm，平板面积 350 mm×350 mm。

4. 制备聚氯乙烯硬板（HPVC）拟用原料

聚氯乙烯树脂（SG-4 或 SG-5 型树脂）、三盐基硫酸铅、二盐基亚磷酸铅、硬脂酸铅、硬脂酸钡、硬脂酸、石蜡、碳酸钙（或其他填料）、二氧化钛。

6.1.4　实验内容

1. 软质聚氯乙烯（SPVC）

（1）配料：按照性能要求设计的配方称量树脂及各种助剂，要求配料总量 250 g。

（2）混合。

①准备。将混合器清扫干净后关闭釜盖和出料阀，在出料口接上接料用塑料袋。

②调速。开机空转，在转动时将转速调至 1 500 r/min。

③加料及混合。将已称量好的聚氯乙烯树脂及辅料倒入混合器中，盖上釜盖，将时间继电器调至 8 min，按启动按钮。

④出料。到达所要求的混合时间后，马达停止转动，打开出料阀，点动按钮出料。

⑤清理。待大部分物料已排出后，静止 5 min，打开釜盖，将混合器内的余料全部扫入袋内。

（3）塑炼。

①准备。将双辊炼胶机开机空转，实验紧急刹车装置，经检查无异常现象即可开始实验。

②升温。打开升温系统，将前后两辊加热，用弓形表面温度计测量辊筒温度，使辊筒温度稳定在 165 ℃。

③塑炼。将辊距调至 0.5～1 mm 范围内，将混合料投入两辊缝隙中使其包辊，

经过 5 min 的翻炼，将辊距调至压片厚度为 1 mm 即可出片。

塑炼得到的软片要求平整，厚度为 0.15～0.35 mm，并且厚薄均匀，供测试撕裂强度用。

（4）撕裂强度测试。

依据《硫化橡胶或热塑性橡胶撕裂强度的测定（裤形、直角形和新月形试样）》（GB/T 529—2008）。

①术语和定义。

裤形撕裂强度：用平行于切口平面方向的外力作用于规定的裤形试样上，将试样撕裂所需的力除以试样厚度。

②实验原理。

用拉力实验机，对有割口或无割口的试样在规定的速度下进行连续拉伸，直至试样撕裂。将测定的力值按规定的计算方法求出撕裂强度。

不同类型的试样测得的实验结果之间没有可比性。

裤形裁刀试样尺寸如图 6.1 所示。

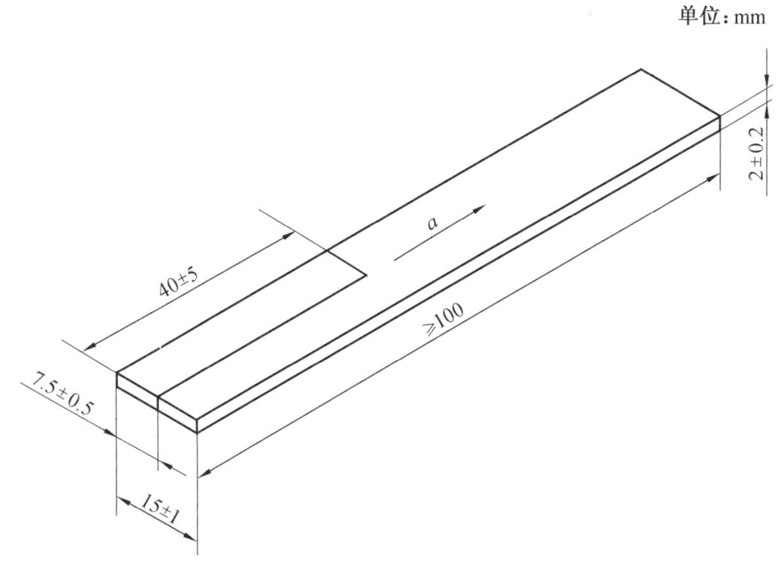

图 6.1　裤形撕裂强度试样尺寸规格

a—切口方向

裤形试样按照图 6.2 所示夹入夹持器。

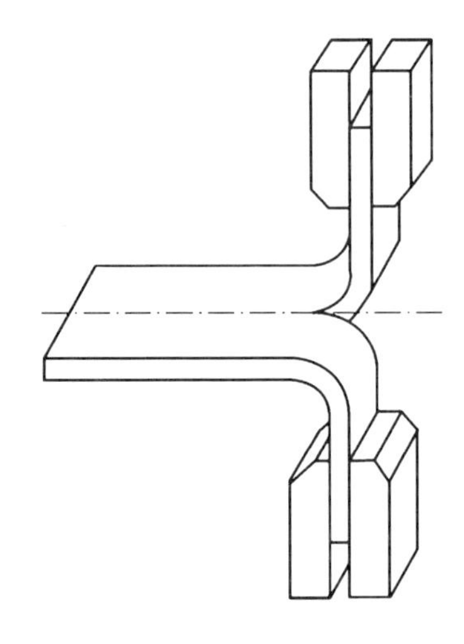

图 6.2　裤形撕裂强度测试示意图

（5）实验步骤。

①样品制备。按照裤形试样尺寸裁剪样品。

②试样厚度的测定。试样厚度的测量应在其撕裂区域内进行，厚度测量不少于 3 个点，取中位数。

③撕裂强度测定。将试样在夹具上夹紧，夹入部分不大于 22 mm，受力方向与撕裂方向垂直。对试样进行拉伸，直至试样断裂。开动电子拉力机的控制单元，选择撕裂测试模式，输入样品厚度，拉伸速度，裤形试样的拉伸速度为（100±10）mm/min。开始实验，试样撕裂后，系统会自动给出数据。

（6）实验结果计算。

$$T_S = \frac{F}{d}$$

式中，T_S 为撕裂强度，kN/m；F 为试样撕裂时的最大负荷，N；d 为试样厚度的中位数，mm。

2. 硬质聚氯乙烯

（1）配料。按照性能要求设计的配方称量树脂及各种助剂，要求配料总量 250 g。

（2）混合。

①准备。将混合器清扫干净后关闭釜盖和出料阀，在出料口接上接料用塑料袋。

②调速。开机空转，在转动时将转速调至 1 500 r/min。

③加料及混合。将已称量好的聚氯乙烯树脂及辅料倒入混合器中，盖上釜盖，将时间继电器调至 8 min，按启动按钮。

④出料。到达所要求的混合时间后，马达停止转动，打开出料阀，点动按钮出料。

⑤清理：待大部分物料已排出后，静止 5 min，打开釜盖，将混合器内的余料全部扫入袋内。

（3）塑炼。

①准备。将双辊炼胶机开机空转，实验紧急刹车装置，检查无异常现象即可开始实验。

②升温。打开升温系统，将前后两辊加热，用弓形表面温度计测量辊筒温度，使辊筒温度稳定在 165 ℃。

③塑炼。将辊距调至 0.5～1 mm 范围内，将混合料投入两辊缝隙中使其包辊，经过 5 min 的翻炼，将辊距调至压片厚度为 1 mm 左右即可出片。

（4）压制。

①准备。将经过塑炼的聚氯乙烯薄片按模框大小剪成多层片材，称质量为 195 g。

②烘箱预热。将称量后的样片在 100～120 ℃的烘箱内预热 10 min。

③热压。

a. 升温。将 250 kN 的平板硫化机加热，控制上下板温度为（170±1）℃。

b. 调压。工作液压的大小可通过压力调节阀进行调节，要求压力表指出的压力在 3～5 MPa（表压）范围内。

c. 模具预热。将所用模具在压制温度预热 10 min。

d. 料片预热。将烘箱中的料片取出置于模具框内，将模具置入主平板中央，在压机上预热 10 min。

e. 加压。开动压机加压，使压力表指针指示到所需工作压力，经 2～7 次卸压放气后，在工作压力下压制 10 min。

④冷压。迅速去掉平板间的压力，将模具取出，放在 450 kN 压机上，在油压为 10 MPa 条件下冷压。

⑤出模。卸掉压机压力，取出模具用铜片开模具，取出制品。

⑥制样及测试维卡软化点。

将聚氯乙烯硬板在制样机上，切割成 20 mm×20 mm 的小方块，供测定维卡软化点用。

6.1.5 注意事项

（1）配料时称量必须准确。

（2）高速混合器必须在转动状态下调整。

（3）开炼机双辊温度必须严格控制。

（4）两辊的操作必须严格按操作规程进行，防止硬物落入辊间。

（5）压机和两辊的升温均需要一定的时间，应注意穿插进行。

6.1.6 思考题

（1）分析聚氯乙烯树脂相对分子质量大小与产品性能及加工性能的关系。

（2）分析配方中各个组分的作用。

（3）如果在配方中加入 5%～10%氯化聚乙烯（CPVC），将会对硬聚氯乙烯的性能有什么影响？

（4）比较聚氯乙烯板的压制与酚醛等热固性塑料的压制的不同点。

（5）观察所压制硬板的表观质量，分析出现塌陷、气泡、开裂等现象的原因。

6.2　热塑性塑料的注塑成型和性能测试实验

6.2.1　实验目的

（1）了解移动螺杆式注塑机的结构、性能、操作规程，程序控制式注塑机在注射成型时工艺的设定、调整方法和有关注意事项。

（2）掌握注塑机的基本操作技能。

（3）熟悉注射成型标准试样的模具结构、成型条件和对制件的外观要求。

（4）掌握 ABS 的注塑成型工艺条件。

（5）掌握注射条件对标准试样的收缩、气泡等缺陷的影响。

6.2.2　实验原理

1. 注塑成型过程

ABS 是热塑性塑料，热塑性塑料具有受热软化和在外力作用下流动的特点，当冷却后又能转变为固态，而塑料的原有性能不发生本质变化，注塑成型正是利用塑料的这一特性。注塑成型是热塑性塑料成型制品的一种重要方法，塑料在注塑机料筒中经外部加热及螺杆对物料和物料之间的摩擦使塑料熔化呈流动状后，在螺杆的高压作用下，塑料熔体通过喷嘴注入温度较低的封闭模具型腔中，经冷却定型成为所需制品。

采用注塑成型，可以成型各种不同塑料，得到质量、尺寸、形状大小不同的各种各样的塑料制品，本实验是通过注射机生产 ABS 板材样品的过程，对注塑成型有初步的了解和掌握塑料注塑成型的工艺条件，并测试制备试样性能如拉伸、冲击和硬度等。注塑成型的工艺过程按先后顺序包括成型前的准备、注塑过程、制品的后处理等。注塑前的准备工作主要有原料的检验、计量、着色、料筒的清洗等。注塑过程主要包括各种工艺条件的确定和调整，塑料熔体的充模和冷却过程。注塑成型工艺条件包括注塑成型温度、注射压力、注射速度和与之有关的时间等。这些条件的设置会直接影响塑料熔体的流动行为、塑料的塑化状态和分解行为，也会影响塑料制品的外观和性能。

工艺条件及其对成型的影响因素主要有以下几点。

（1）温度。

注塑成型要控制的温度有料筒温度、喷嘴温度和模具温度。前两种温度主要影响塑料的塑化性能和流动性能，而后一种温度主要影响塑料熔体在模腔的流动和冷却。注塑机的料筒由 3 个温度控制仪表分段对料筒加以控制。料筒温度的调节应保证塑料熔化良好，能够顺利地进行充模而不引起塑料熔体的分解。料筒温度的配置，一般靠近料斗一端的温度偏低（便于螺杆加料输送），从后端到喷嘴方向温度逐渐升高，使物料在料筒中逐渐熔融塑化。料筒前端喷嘴处的温度要单独控制，为防止塑料熔体的流涎作用，并估计到塑料熔体在注射时会快速通过喷嘴，有一定的摩擦热产生，所以，喷嘴的温度稍低于料筒的最高温度。

（2）压力。

注射过程中的压力包括塑化压力和注射压力，它们直接影响塑料的塑化和制品的质量。

①塑化压力（背压）。

螺杆式注塑机在塑化物料时，螺杆顶部熔料在螺杆转动后退时所受到的压力称为塑化压力，亦称背压。由于塑化压力的存在，螺杆在塑化过程中后退的速度降低，物料需要较长的时间才到螺杆的头部，物料的塑化质量得到提高，尤其是带色母粒的物料颜色的分布更加均匀。塑化压力的存在迫使物料中的微量水分从螺杆的根部溢出，使制件减少了银纹和气泡。

②注射压力。

注塑机的注射压力是以螺杆顶部对塑料熔体施加的压力为准的。注射压力在注塑成型中所起的作用是克服塑料熔体从料筒向模具型腔流动的阻力，保证熔料充模的速率并将熔料压实。注塑过程中，注射压力与塑料熔体温度实际上是互相制约的，而且与模具温度有密切关系。料温高时，注射压力减少；反之，所需注射压力加大。

2. 性能测试

通过对注塑成型得到的样品进行性能测试，反馈其注塑过程中的问题，同时对产品进行必要的性能表征。

（1）拉伸实验是在规定的实验温度、实验湿度和速度条件下，对标准试样沿纵轴方向施加静态拉伸负荷，直至试样被拉断为止。在拉伸载荷下复合材料层压板试样中的纤维并不一定都承受载荷，因此所测试的力学性能和破坏形成与单面纤维复合材料不同。按图 6.3 所示制备试样。拉伸试样尺寸见表 6.1。

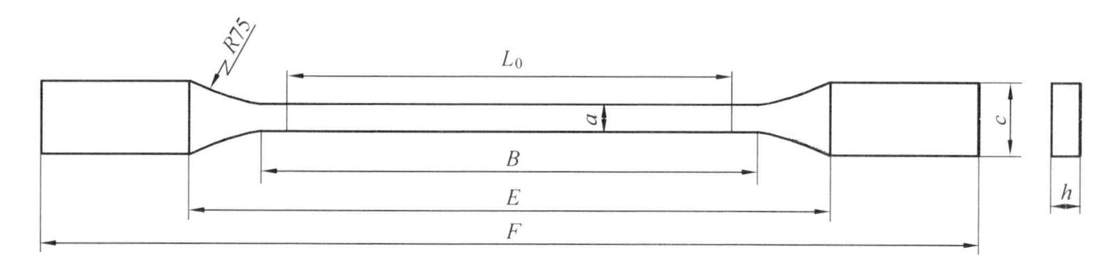

图 6.3　拉伸试样的示意图

表 6.1　拉伸试样尺寸　　mm

尺寸符号	尺寸大小
总长（最小）*F*	180
端头宽度 *c*	20±0.5
厚度 *h*	5～6
中间平行段长度 *B*	55±0.5
中间平行段宽度 *a*	10±0.2
标距（或工作段）长度 L_0	50±0.5
夹具间距离 *E*	115±5

制备好试样后在万能拉力机上进行拉伸实验测试，计算产品的拉伸强度、模量、断裂伸长率等。

（2）冲击实验是将试样安放在简支梁冲击机的规定位置上，然后利用摆锤自由落下，对试样施加冲击弯曲负荷、使试样破裂。用试样单位截面积所消耗的冲击功来评价材料的耐冲击韧性。图 6.4 所示为摆锤式简支梁冲击实验机的工作原理。

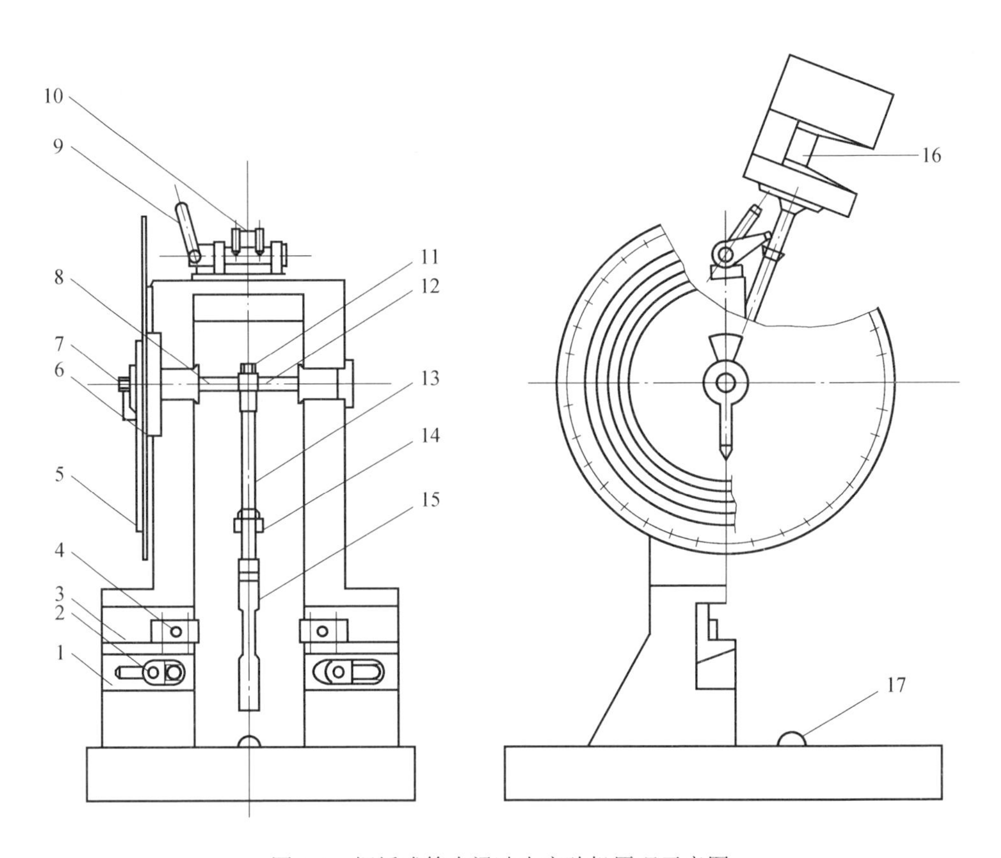

图 6.4　摆锤式简支梁冲击实验机原理示意图

1—固定支座；2—紧固螺钉；3—活动试样支座；4—支承刀刃；5—被动指针；6—主动指针；7—螺母；8—摆轴；9—搬动手柄；10—挂钩；11—紧固螺钉；12—连接套；13—摆杆；14—调整套；15—摆体；16—冲击刀刃；17—水准泡

实验过程中试样分为 2 种：一种是没有缺口样品；另一种是有缺口样品。

实验试样如图 6.5 所示。

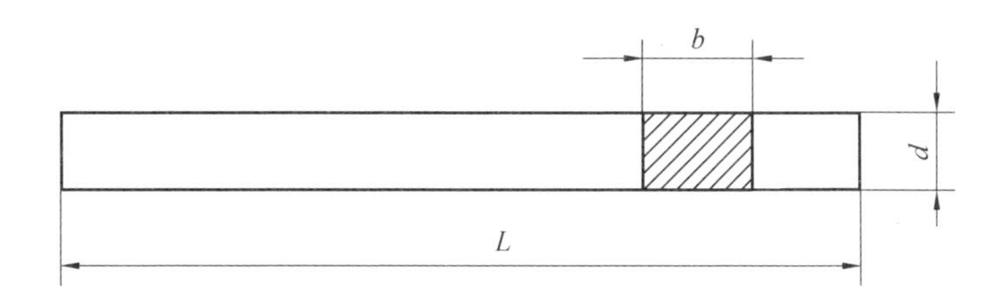

（a）无缺口试样

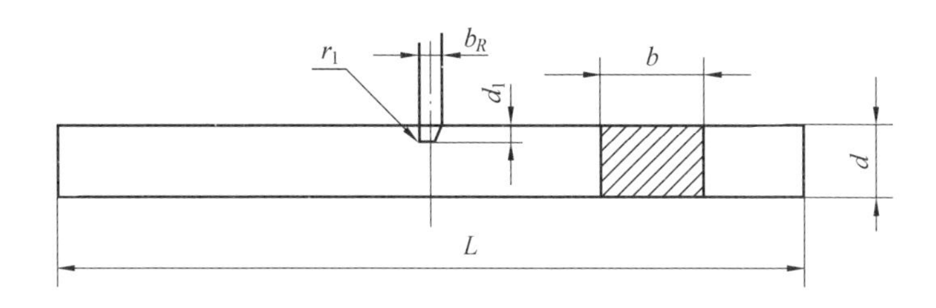

（b）有缺口试样

图 6.5　简支梁冲击试样

根据冲击强度计算公式计算产品的抗冲击强度，衡量材料的韧性。

计算公式：

对于无缺口试样，其简支梁冲击强度σ_{n}（$\mathrm{kJ/m^2}$）由式（6.1）求得：

$$\sigma_{\mathrm{n}}=\frac{E}{a\cdot b}\times 10^3 \tag{6.1}$$

式中　E——试样吸收的冲击能，J；

a——试样的厚度尺寸，mm；

b——试样的宽度尺寸，mm。

对于有缺口试样，简支梁冲击强度α_{k}（$\mathrm{kJ/m^2}$）由式（6.2）求得：

$$\alpha_{\mathrm{k}}=\frac{E}{a\cdot b}\times 10^3 \tag{6.2}$$

式中　E——有缺口试样吸收的冲击能，J；

a——试样缺口处剩余厚度尺寸，mm；

b——试样的宽度尺寸，mm。

（3）洛氏硬度测试是指用一定直径的球压头，在初实验力和总实验力先后作用下，压入试件，在受力作用后，保持一定时间。卸除总实验力，通过主实验力的压入深度和初实验力作用下的压入深度之差来表示压痕深度的永久增量，每压入 0.002 mm 为一个塑料洛式硬度。

钢球直径和负荷大小应根据试样预期硬度值和厚度按表 6.2 进行选择。

表 6.2　实验条件选用标准

标尺	球压头直径/mm	初实验力/N	总实验力/N
HRE	3.175	98.07	980.7
HRL	6.35	—	588.4
HRM	6.35	—	980.7
HRR	13.7	—	588.4

6. 2. 3　实验仪器及药品

1. 仪器：注塑机、万能拉力机、简支梁冲击机、洛氏硬度仪。
2. 药品：ABS 塑料。

6. 2. 4　实验内容

1. 注塑机

（1）预热。

①合上机器上总电源开关，检查机器有无异常现象。

②根据使用原料的要求来调整料筒各段的加热温度，设定第一段 180～200 ℃，第二段 210～230 ℃，第三段 190～200 ℃，喷嘴 180～190 ℃，模具 50～70 ℃，打开电热开关，预热时间应为 30～45 min。

（2）设定压力。

设定压力的工艺条件见表6.3。

表6.3 设定压力的工艺条件

射出1段压力/MPa	射出速率/$(mm \cdot s^{-1})$	保压时间/s	保压1段/MPa	保压2段/MPa	保压1段速率/$(mm \cdot s^{-1})$	保压2段速率/$(mm \cdot s^{-1})$
70～90	40	2.5	50	50	35	25

（3）开机操作。

①启动油泵马达，手动测试开关模、托模进退、座台进退等功能是否正常。

②检查各限位开关的定位是否适合，必要时可稍作调整。

③经过充分预热后，检查各加热段的温度是否已达到了设定值。

④按座台退开关，使注射座退到停止位置上，然后按射出开关，检查射出来的胶料的熔合情况。

⑤按座台进开关，使注射座进到停止位置上，使喷嘴紧顶模具的浇口上，按半自动开关，机器开始半自动运行。

⑥定期检查制品质量情况，必要时可调整有关动作的压力，流量和时间等相关参数。

（4）停机。开到手动状态，关下电热开关。 整理好成品，搞好清洁卫生。

2. 万能拉力机

（1）将接好电源的实验机进行操作，打开电源开关。

（2）进行参数输入和设定。测量样品厚度和宽度，设定拉伸速率为10 mm/min。

（3）装上已准备好的夹具，将试样夹在夹具上。

（4）调整“调零旋钮”使力值为零。

（5）启动仪器。

（6）记录结果。

（7）关闭仪器、清扫卫生。

3. 简支梁冲击机

（1）测量试样尺寸，每个试样的宽度、厚度尺寸各测量三点，取其算术平均值，每三个试样为一组。

（2）根据试样的抗冲击韧性，选用适当的能量摆锤，所选的摆锤应使试样断裂所消耗的能量在摆锤总储量的10%～80%范围内。

（3）安装冲击摆杆并调整好指针。

（4）空击实验。托起冲击摆，使其固定在160°扬角位置，调整被动指针与主动指针重合，搬动手柄，让冲击摆自由落下，此时，被动指针应被拨到“零”位置，若超过误差范围，则应调整机件间的摩擦力，一直至指针示值在误差范围之内。

（5）放置试样。试样应放置在两活动支座的上平面上，其侧面与支撑承刀刃靠紧，测试带有缺口的试样，把冲锤放下，让冲击刀刃对正缺口背面，再把冲锤回复到扬角位置挂住。

（6）冲击实验，记录能量损失值。清扫卫生。

4. 洛氏硬度仪

（1）接通电源，打开开关，指示照明灯亮。

（2）根据被测试样的软硬程度选择标尺，顺时针转动变荷手柄，确定总实验力，应尽可能使塑料洛氏硬度值处于 50～115 间，少数材料不能处于此范围的不得超过125，如果一种材料用两种标尺进行测试时，所得值处于极限值时，则选用较小值的标尺，同种材料应选同一标尺。

（3）将被测试件置于实验台上，顺时针转动旋转，升降螺杆上升应使试件缓慢无冲击地与压头接触，直至硬度小指针从黑点移到红点，与此同时，长指针转过三圈垂直指向“30”处。此时，已施加了 90.8 N 初实验力，长指针偏移不得超过五个分度值，若超过此范围，不得侧挂，应改换测点位置重做。

（4）转动硬度计表盘，使指针对准“30”位，按启动按钮。

（5）开机运转，自动加主实验力，指示照明灯熄灭。

（6）当蜂鸣器声响，立即读长指针所指向的数值，塑料洛氏硬度示值的读取应分别记录加主实验力后长指针通过“0”点的次数及卸除主实验力后长指针通过“0”点的次数并相减，并按标准方法读取硬度示值。

（7）反向旋转升降螺杆手柄，使实验台下降，更换测试点，重复上述操作，在每个试件上的测试点不少于五个点。

5. 实验记录

（1）注塑机模制制品的条件。

①料筒（或熔体温度）。

②注射压力。

（2）万能拉力机测试的断裂强度、断裂伸长率、最大力、模量。

（3）简支梁冲击机测试的冲击强度。

（4）洛式硬度计测试的硬度。

（5）分别求模量、断裂强度、冲击强度和硬度的标准偏差。

标准偏差 S 由下式求得：

$$S=\sqrt{\frac{\sum(X-\bar{X})^2}{n-1}}$$

式中　X——单个测定值；

$\bar{X}$——多个测定值的算术平均值；

n——测定值个数。

6.2.5　思考题

（1）注射成型工艺条件如何确定？

（2）制品形态与制品性能之间有何关系？

（3）注射成型制品常见缺陷如何解决？

（4）分析出现不同性能结果的原因。

6.3 LDPE再生料的挤出造粒

6.3.1 实验目的

(1)了解热塑性塑料品种和特性、挤出工艺过程及造粒加工过程。

(2)掌握热塑性塑料挤出、造粒加工设备及操作规程。

(3)掌握LDPE挤出工艺条件及挤出过程。

6.3.2 实验原理

1. 挤出成型工艺原理

挤出成型是热塑性塑料成型加工的重要成型方法之一,热塑性塑料的挤出加工是在挤出机(挤塑机)作用下完成的加工过程,在挤出过程中,物料通过料斗进入挤出机的料筒中,挤出机的螺杆以固定的转速拖曳料筒内物料向前输送。通常根据物料在料筒内的变化情况,将整个挤出过程分成三个阶段:加料段(固体段)、压缩段(熔融段)、均化段(熔体段)。

(1)在料筒加料段,在旋转的螺杆作用下,物料通过料筒内壁和螺杆表面的摩擦作用向前输送和压实,物料在加料段是呈固体状态向前输送的。

(2)物料进入压缩段后,螺杆螺槽逐渐变浅,靠近机头段滤网、分流板和机头的阻力使物料所受的压力逐渐升高,物料进一步被压实;同时,在料筒外加热和螺杆、料筒对物料的混合、剪切作用而产生的内摩擦热的作用下,塑料逐渐升温至黏流温度,开始熔融,大约在压缩段处全部物料熔融为黏流态并形成很高的压力。

(3)物料进入均化段后将进一步塑化和均化,最后螺杆将物料定量、定压地挤入机头体。机头中的口模是成型部件,物料通过它便可以获得一定截面的几何形状和尺寸,再通过冷却定型、切断等工序得到成型制品。

2. 热塑性高分子材料造粒概述

合成树脂一般为粉末状,粒径较小,松散,易飞扬。为了便于成型加工,需将树脂与各种助剂混合塑炼成颗粒状，这个工序称为造粒。造粒的目的在于进一步使配方均匀，排除树脂颗粒间及颗粒内的空气，使物料被压实到接近成品的密度，使物料更易塑化。

一般造粒后的物料较整齐，且具有固定的形状。颗粒料是塑料成型加工的主要原料形态，采用粒料成型有如下优点：加料方便，不需强制加料器；颗粒的密度比粉料大，制品的质量较好；空气及挥发物含量较少，制品不易产生气泡。造粒工序对于大多数单螺杆挤出机生产挤出塑料制品一般是必需的，而双螺杆挤出机可直接使用捏合好的粉料生产。

热塑性塑料的造粒可分为冷切法和热切法两大类。冷切法可分为拉片冷切、挤出冷切、挤条冷切等几种；热切法可分为干热切、水下热切、空中热切等几种。造粒的主要设备是混炼式挤出机或塑炼机（开炼机或密炼机）和切粒机。除拉片切粒法用平板切粒机造粒外，其余都是挤出机造粒。挤出造粒有操作连续、密闭、机械杂质混入少、产量高、劳动强度小、噪声小等优点。无论哪种造粒方法，均要求粒料颗粒大小均匀，色泽一致，外形尺寸不大于 3～4 mm。因为如果颗粒尺寸过大，成型时加料困难，熔融塑化也慢，造粒后物料形状以球形或药片形为好。

3. 本实验的主要工作

挤条冷切是热塑性塑料最普遍采用的造粒方法，设备和方法都较简单，即混合料经挤出机塑化呈圆条状挤出。圆条经风冷或水冷后，通过切粒机切成颗粒。本实验采用 LDPE，利用双螺杆挤出机，采用挤出成型工艺挤出圆条状制品，再利用切粒机冷切成圆柱形颗粒。

6.3.3　实验仪器与原料

1. 实验仪器

双螺杆挤出机（单螺杆挤出机），切粒机，高速混合机，冷切水槽。

双螺杆挤出机如图 6.6 所示。

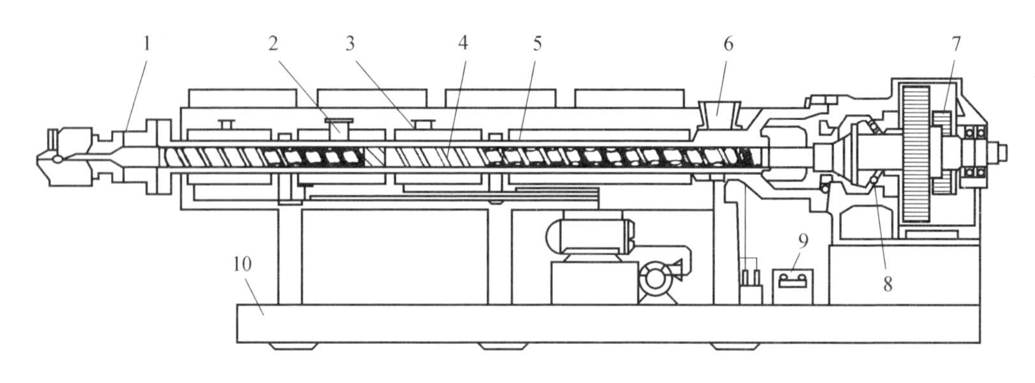

图 6.6　双螺杆挤出机示意图

1—机头；2—排气口；3—加热冷却系统；4—螺杆；5—机筒；6—加料口；
7—减速箱；8—止推轴承；9—润滑系统；10—机架

2. 实验原料

主要原料是低密度聚乙烯原料，以及废旧塑料袋。

6.3.4　实验步骤

1. 实验前的准备

（1）设备的准备。将挤出机、机头、料斗以及切料机等清洗干净，并安装完毕。将冷切槽和挤出机冷却水连接好，先通冷却水冷却挤出机的进料口。

（2）清洗塑料袋，并在微粒制样机中将其切碎。原材料的配比是新 LDPE 80%（质量分数），回收料 20%，称量后，在高速混合机中对物料进行混合，挤出造粒需要对原料进行干燥处理（烘箱中 80 ℃，干燥 30 min）。

2. 挤出工艺参数的确定

（1）挤出机的加热温度。挤出机的操作温度按 5 段进行，机身部分分为 3 段，机头部分分为 2 段。机身段 160～170 ℃，压缩段 170～180 ℃，计量段 180～190 ℃；机头的机颈和口模均为 190～200 ℃。

（2）螺杆转速。0～40 r/min，一般先在较低转速下进行至稳定，待有熔融的物料从机头挤出后，再继续提高转速。

（3）切粒机转速。0～20 r/min，视挤出圆条的速度，进行调整。

3. 测试操作

（1）启动挤出机控制系统的计算机及动力系统，按照输入程序把相关参数（加热温度、螺杆转速）等实验条件输入计算机控制系统。

（2）开始各段加热，待各段加热温度达到规定温度时，应再次检查机头部分的衔接锁环，并将其拧紧，准备向挤出机中加入物料。

（3）开动主机，在慢速（10 r/min）转速下先少量加 LDPE 清洗料，并随时注意转矩、压力显示仪表。待清洗料熔料挤出后，观察其颜色变化，待挤出物无杂质及其他颜色变化时，可加入实验料。

（4）加入实验料后，逐渐提高螺杆转速，同时注意转矩、压力显示仪表。待熔料挤出平稳后，开启切粒机，将挤出圆条通过冷却水槽后慢慢引入切粒机进料口，慢慢调节切粒机转速以与挤出速率匹配，待挤出与切粒过程正常后，正式开始记录对应的转矩值、压力表等工艺参数。

（5）依次改变螺杆转速：10 r/min、15 r/min、20 r/min、25 r/min、30 r/min。在每个转速下，在稳定挤出的情况下，截取 3 min 的挤出量进一步造粒，分别称量，同时记录其对应的转矩数、压力值。

（6）实验完毕，关闭各测量记录系统及切粒机。逐渐减速停车，趁热立即清理机头、挤出料筒内残留的 LDPE 料。

6.3.5　实验记录

1. 实验原料及配比

按要求将数据记录在表 6.4 中。

2. 实验条件

仪器设备型号、生产厂家，螺杆长径比，挤出机加热温度，螺杆转速，平稳挤出时的转矩及压力，平稳挤出时的切粒机转速。

表 6.4　原料、厂家及其配比一览表

名称	型号	生产厂家	用量（质量分数/%）

3. 测试结果

（1）根据测量数值，分别绘制螺杆转速-挤出量，机头压力-挤出量对应曲线。

（2）对挤出造粒的颗粒进行性能和外观分析。

6.3.6　思考题

（1）挤出机的主要结构由哪几部分组成？

（2）分析工艺条件对制品质量及生产效率的影响。

6.4　天然橡胶和杜仲胶的共混、模压和硫化

6.4.1　实验目的

（1）了解天然橡胶和杜仲胶的结构、配合剂的品种以及硫化特性和结晶行为。

（2）将掌握天然橡胶与杜仲胶共混的配方设计原则，在确定的配方下，改变促进剂品种和用量，并进行小配合实验。

（3）比较常用促进剂 M、NOBS、D、TMTD 的硫化特性及其对硫化胶性能的影响。

（4）掌握通过无转子硫化仪测定正硫化时间的方法。

6.4.2 实验原理

在橡胶的硫化体系中，促进剂具有举足轻重的作用，它可起到提高硫化速度、降低硫化温度、减少硫黄用量、改善硫化胶物理力学性能的作用。但不同化学结构的促进剂，因作用机理不同，其硫化特性和硫化胶性能差别很大。

硫化是橡胶分子由线型结构转变为空间网状结构的化学过程。橡胶经硫化后，其物理机械性能得以全面提高，而杜仲胶的结晶行为会受到分子链交联的影响，因此共混胶的整体性能会受到交联程度和结晶程度的综合影响。

硫化条件主要有时间、温度和压力。不同的硫化条件对橡胶制品的质量影响很大，因而确定硫化条件是一件重要的工作。

实验是在一定温度、压力条件下，确定硫化时间（正硫化时间）。确定正硫化时间的方法很多，常用的简便易行的方法有硫化仪法和物理机械性能测定法。

硫化仪是专用测试橡胶硫化特性的实验仪器，可在其绘制出的硫化时间-转矩曲线上直接得出正硫化时间。

本实验就不同促进剂在天然橡胶与杜仲胶共混配合，以不同用量和不同硫化温度下的硫化胶性能做以对比，以反映出不同促进剂的硫化活性、硫化速度、平坦性能、硫化胶的交联程度及其对性能的影响，以及同一促进剂在不同硫化温度下对胶料硫化速度和硫化胶性能的影响。

6.4.3 实验仪器及药品

（1）仪器：台秤、工业天平、转矩流变仪、开炼机、硫化仪、350 mm×350 mm平板硫化机、硫化试片模具、冲片机、硬度计、厚度计、强力实验机、秒表。

（2）药品：天然橡胶，杜仲胶，硫黄，氧化锌，硬脂酸，促进剂 M、NOBS、D、TMTD 等。

6.4.4 实验内容

1. 原料及其配比

实验所用的原材料天然橡胶、配合剂及其实验配方见表 6.5。

表 6.5 实验的实际配方

配方编号	1		2		3		4	
配方	配合量/份	实际用量/g	配合量/份	实际用量/g	配合量/份	实际用量/g	配合量/份	实际用量/g
天然橡胶	100.0	300.0	100.0	300.0	100.0	300.0	100.0	300.0
杜仲胶	30.0	90.0	30.0	90.0	30.0	90.0	30.0	90.0
硫黄	3.00	9.00	3.00	9.00	3.00	9.00	3.00	9.00
氧化锌	5.00	15.00	5.00	15.00	5.00	15.00	5.00	15.00
硬脂酸	0.50	1.50	0.50	1.50	0.50	1.50	0.50	1.50
促进剂 M	1.00	3.00	—	—	—	—	—	—
促进剂 NOBS	—	—	1.00	3.00	—	—	—	—
促进剂 D	—	—	—	—	1.00	3.00	—	—
促进剂 TMTD	—	—	—	—	—	—	1.00	3.00
合计	109.50	328.50	109.50	328.50	109.50	328.50	109.50	328.50

2. 原料的配合、混炼

（1）配料操作前，根据表 6.5 配方中的原料名称、规格备料，认真核对标签，检查各药品的外观色泽有无差异，然后进行称量。称量时要根据配方中生胶和各种配合剂质量的大小选用不同精度的天平或台秤，使称量精确到 0.5%。并要求注意清洁，防止混入其他杂质。配料完毕后，必须按配方进行核对，并进行质量的抽检，以确保配合的精确、无误。

（2）混炼。将转矩流变仪加热至规格温度，并待稳定后方可开始炼胶。在混炼全过程中也应注意温度的调节与测量，使之保持在规定的温度范围内。混炼工艺条件：温度 70～90 ℃，转速 40 r/min。加料顺序为：共混胶塑炼→硬脂酸→氧化锌、促进剂→硫黄→取出→开炼机冷辊下片。

混炼时，观察扭矩曲线和料温曲线，分析曲线变化的趋势与加料时间的对应关系。下片时应当注意胶片的压延方向。胶料应进行称量，最大损耗应小于总质量的 0.3%，否则应予报废，重新进行配炼。

3. 硫化

（1）试片的准备。混炼结束后，下片胶料在 20～30 ℃下放置不少于 2 h 后，检查其厚度是否符合要求。如下片胶料厚度不符合规定要求时，则应按混炼时的辊温进行返炼重新下片。厚度符合要求的下片胶料最好用裁片样板在胶料上按胶料的压延方向划好裁料线痕，然后用剪刀裁片。裁下的胶片用天平称量，其质量应与按胶料密度和稍大于模具容积的数值而得出的计算质量相近，以避免硫化后缺胶。最后按压延方向在剪下的胶片边角处记有编号和硫化条件的标签，并摆放整齐。剩余的胶料应放回存放处以备核查。

（2）试片的硫化。硫化前先检查胶片的编号及硫化条件，并将冷模具在规定的硫化温度下预热 30 min。硫化时应将胶片置于模腔中央，合模后再将试片模具放入硫化平板中央，然后按表 6.6 的硫化温度和硫化时间进行硫化。试片的硫化时间是指自平板压力升至规定值时起至平板降压时止的一段时间范围。硫化过程中，操作要迅速一致，硫化时间要准确，并随时注意平板温度（或蒸气压力）的变化与调节。

试片硫化工艺条件：硫化压力 2.0～2.5 MPa。

硫化温度和时间见表 6.6。

表 6.6　硫化温度和时间

配方编号	1	2	3	4
硫化温度/℃	145～160	145～160	145～160	145～160
硫化时间/min	10～30	10～30	10～30	10～30

4. 性能实验

硫化好的试片在室温下冷却存放 6 h 后，根据国家标准进行硬度、拉伸强度、定伸应力、扯断伸长率及 3 min 永久变形等各项实验。实验时应注意操作要点，认真做好记录，对各项实验的计算核对，确保无误。

5. 实验数据处理

根据各配方的性能实验结果，绘制每种促进剂胶料的共混加工曲线、料温曲线，并通过硫化曲线，确定每个胶料的正硫化时间。

以硫化时间为横坐标，测得的各项性能为纵坐标，便可作出每个胶料的硫化曲线。在绘制硫化曲线时要注意：

（1）选择纵坐标的比例适宜，一般可采用定伸应力和拉伸强度用 1 cm 长度表示 2 MPa，扯断伸长率用 1 cm 表示 100%，永久变形用 1 cm 表示 10%。

（2）作曲线时按实验结果先在图中标出各点，画出一平滑的曲线，使曲线通过或接近最多的点。

根据对硫化曲线的分析，可很容易地确定出胶料的正硫化时间。一般，当胶料的定伸应力、硬度、扯断伸长率和永久变形的各个曲线急剧转折，而拉伸强度达到最大值或比最大值略低一些时对应的时间则可视为正硫化时间。

找出正硫化时间后，整理各个胶料在正硫化条件下的各项性能。

6.4.5 实验报告内容

（1）实验报告名称。

（2）实验日期。

（3）实验室温度。

（4）实验编号、硫化温度、正硫化时间及在正硫化条件下的各项性能。

（5）实验分析。

①比较在相同温度下不同促进剂胶料的硫化速度和在正硫化条件下的各项性能，比较促进剂 TMTD 胶料在不同硫化温度下的硫化速度和在正硫化条件下的各项

性能。尤其要分析不同硫化程度对共混胶结晶度的影响。

②从硫化所绘曲线上，计算出胶料的工艺正硫化时间，找出理论正硫化时间。

③对实验结果进行理论分析。

④对可能出现的异常实验数据提出个人分析意见。

6.4.6　思考题

（1）促进剂 M、NOBS、D、TMTD 对硫化胶性能有何影响?

（2）硫化温度和硫化压力对橡胶的硫化和杜仲胶的结晶有何影响?

（3）如何确定胶料的正硫化时间?

6.5　不饱和聚酯树脂的配制和浇铸成型

6.5.1　实验目的

（1）掌握不饱和聚酯树脂的分子结构及固化机理。

（2）熟悉浇铸成型工艺特点、浇铸成型工艺过程。

（3）熟悉浇铸成型模具特点。

（4）理解浇铸体物理力学性能和复合材料综合性能之间的差异。

6.5.2　实验原理

浇铸成型是将已准备好的浇铸原料（通常是单体、初步聚合或缩聚的预聚体、聚合物与单体的溶液等）注入模具中使其固化（完成聚合或缩聚反应），从而得到与模具型腔相似的制品。

浇铸成型一般不施加压力，对设备和模具的强度要求不高，对制品尺寸限制较小，制品中内应力也低。因此，生产投资较少，可制得性能优良的大型制件，但生产周期较长，成型后须进行机械加工。在传统浇铸基础上，派生出灌注、嵌铸、压力浇铸、旋转浇铸和离心浇铸等方法。①灌注。此法与浇铸的区别在于：浇铸完毕制品即由模具中脱出；而灌注时模具却是制品本身的组成部分。②嵌铸（封入成型）。

将各种非塑料零件置于模具型腔内，与注入的液态物料固化在一起，使之包封于其中。③压力浇铸。在浇铸时对物料施加一定压力，有利于把黏稠物料注入模具中，并缩短充模时间，主要用于环氧树脂浇铸。④旋转浇铸。把物料注入模内后，模具以较低速度绕单轴或多轴旋转，物料借重力分布于模腔内壁，通过加热、固化而定型。用以制造球形、管状等空心制品。⑤离心浇铸。将定量的液态物料注入绕单轴高速旋转、可加热的模具中，利用离心力将物料分布到模腔内壁上，经物理或化学作用而固化为管状或空心筒状的制品。单体浇铸尼龙制件也可用离心浇铸法成型。

本实验采用液体原料（改性 191#不饱和聚酯树脂为基体材料，按比例加入引发剂、促进剂）直接浇铸到一定的模具中，然后原料在模具中固化定型后脱模制作透明的浇铸体平板。

6.5.3 实验仪器及药品

（1）仪器：台秤、工业天平、邵氏硬度计。

（2）药品：191#不饱和聚酯树脂、引发剂（过氧化环己酮）、促进剂（环烷酸钴）、纳米二氧化硅。

6.5.4 实验内容

1. 模具材料的准备

依据《树脂浇铸体性能试验方法》（GB/T 2567—2021）。

（1）模板为平整的玻璃板或钢板等，其大小为 200 mm×150 mm（长×宽）。

（2）脱模采用聚酯塑料薄膜。

（3）玻璃 U 型模框，将厚度与浇铸体的厚度一致的橡胶片剪成 U 型框条，尺寸大小与模板尺寸相吻合。

（4）弓形夹（G 型夹）。

2. 模具材料的制作

依据 GB/T 2567—2021。

在两块覆盖有脱模薄膜的模板之间夹入 U 型模框，U 型的开口处为浇铸口，U 型模框事先涂有脱模剂或覆盖玻璃纸，用弓形夹将其夹紧，两模板间的距离用垫片来控制。U 橡胶和玻璃板构成浇注成型模具的型腔。

3. 试板的浇铸成型

依据 GB/T 2567—2021。

（1）树脂胶液的配制是将树脂、引发剂、促进剂、助剂等混合均匀，常温固化的树脂具有很短的凝胶期，必须在凝胶以前用完。树脂胶液的配制是浇铸成型工艺的重要步骤之一，它直接关系到制品的质量。

（2）对于聚酯树脂胶液的配制见表 6.7。配制时按配方先将引发剂和树脂混合均匀，成型操作前再加入促进剂环烷酸钴搅匀使用，也可以预先在树脂液中加入环烷酸钴，在成型操作前加入引发剂过氧化环己酮搅匀使用。

注意：引发剂和促进剂不能直接加在一起。

表 6.7　不饱和聚酯树脂配方（体积分数/%）

组分	配比
改性 191#不饱和聚酯树脂	100
引发剂（过氧化环己酮）	1～2
促进剂（环烷酸钴）	0.5～2

（3）浇铸成型。在室温 15～30 ℃，相对湿度小于 75%下进行，沿浇铸口紧贴模板倒入胶液，在整体操作过程中要尽量避免产生气泡。如气泡较多，可采用真空脱泡或振动法脱泡。

4. 试板的固化、脱模和性能测试

用弓形夹（垫上橡胶垫）夹持模板，放置在实验室，待其常温固化。

一般放置 24 h 后脱模，检测试样的外观质量。

性能测试：

（1）冲击性能的测试，实验方法参照《纤维增强塑料简支梁式冲击韧性试验方法》(GB/T 1451—2005)。

(2)邵氏硬度的测试，实验方法参照《塑料和硬橡胶　使用硬度计测定压痕硬度(邵氏硬度)》(GB/T 2411—2008)。

6.5.5　实验报告要求

(1)简述实验原理。

(2)详细记录设备型号及操作情况。

(3)根据制品好坏情况，分析其原因。

6.5.6　思考题

(1)简述不饱和聚酯树脂的主要结构特点及固化机理。

(2)在不饱和聚酯树脂中为什么不能将引发剂和促进剂一起加入?

(3)浇铸成型的模具有哪些特点?

(4)选用固化剂与促进剂的原则有哪些?

6.6　玻璃纤维增强不饱和聚酯复合材料的手糊成型

6.6.1　实验目的

(1)掌握玻璃纤维的种类、特性。

(2)掌握不饱和聚酯树脂的分子结构、固化机理。

(3)了解手糊成型工艺特点、手糊成型工艺过程、手糊成型模具特点。

(4)掌握手糊成型的基本流程及树脂配制。

6.6.2　实验原理

玻璃纤维增强不饱和聚酯复合材料简称聚酯玻璃钢，玻璃钢制品在日常生活以及工业生产中的应用日趋广泛。本实验采用手糊成型的方法制备复合材料板，并按测试要求制成试样。对试样分别进行拉伸强度、冲击强度、表面硬度的力学实验的测试。

目前世界上使用最多的成型方法有六种：手糊法、缠绕法、喷射法、模压法、RTM 法、拉挤法，我国有 90%以上的玻璃钢是用手糊法生产的，从世界各国来看，手糊仍占相当大的比重。手糊成型工艺属于低压成型工艺，所用设备简单，投资少，见效快，有时还可现场制造某些制品，方便运输，所以在国内有很多中小企业仍然以手糊为主要生产方式，大型企业中手糊工艺也经常被用来解决一些临时的、单件的生产问题。据有关资料统计，复合材料的制品产量很高的日本，手糊制品约占总产量的 1/3。

手糊成型工艺最大的特点是灵活，适宜于多品种、小批量生产。目前，在国内采用手糊成型生产的产品有浴缸、波纹瓦、雨阳罩、冷却塔、活动房屋、储槽、储罐、渔船、游艇、汽车壳体、大型圆球屋顶、天线罩、卫星接收天线、舞台道具、航空模型、设备护罩或屏蔽罩、通风管道、河道浮标等。因此，掌握手糊成型工艺技术很有必要。

不饱和聚酯树脂中的苯乙烯既是稀释剂又是交联剂，黏度较小，工艺性好，在固化过程中不放出小分子，所以手糊制品几乎 90%是采用不饱和聚酯树脂。

本实验先制备 191#不饱和聚酯树脂液体，将液体树脂浸渍玻璃布，以手糊的方法将其铺敷在玻璃板模具上制作玻璃钢平板。树脂固化后，从玻璃板模具上脱模，得到玻璃钢平板。然后测试其力学性能。

6.6.3　实验仪器及药品

（1）原材料：191#树脂（丙二醇、顺丁烯二酸、邻苯二甲酸聚酯的苯乙烯溶液，适用制作刚性、半透明制品）、有机硅氧烷、引发剂、促进剂等。

（2）模具材料：玻璃板、薄膜、铝箔。

（3）手糊工具：毛刷、烧杯。

（4）主要仪器：超声波清洗机、电子台秤、万能电子拉力机、邵氏硬度计。

6.6.4 实验内容

1. 树脂基体的配制

按表 6.8 的配比称量树脂基体的成分，并在常温下混合均匀。

表 6.8 不饱和聚酯树脂配方（体积分数/%）

组分	配比
改性 191#不饱和聚酯树脂	100
引发剂（过氧化环己酮）	1～2
促进剂（环烷酸钴）	0.5～2

2. 聚酯玻璃钢的手糊成型

（1）模具准备。将 500 mm×500 mm 玻璃平板表面擦洗干净、干燥，作为模具备用。

（2）玻璃布剪裁。估算玻璃布的层数，用剪刀剪裁长、宽各 350 mm 的玻璃布若干块。

（3）手糊成型操作。

①用塑料薄膜作为脱膜剂，将其平整地铺敷在玻璃板上。为了避免塑料薄膜在手糊过程中移动，可用透明胶布将其固定在玻璃板上。

②将 1～2 层玻璃布铺放在玻璃板的塑料薄膜上。

③根据自定的力学性能目标进行设计配方、层数等，按设计配方将引发剂与不饱和聚酯树脂配合搅匀，然后加入促进剂搅匀，马上淋浇在玻璃布上，并用毛刷正压（不要用力涂刷，以免玻璃布移动），使树脂浸透玻璃布，观察不应有明显的气泡。

④铺放下一层玻璃布，并立即涂刷树脂，一般树脂含量约 50%；紧接着第二层、第三层依次重复操作，注意玻璃布接缝错开位置，每层之间都不应该有明显的气泡，即不应有直径 1 mm 以上的气泡。

⑤达到所需厚度时，手糊成型完成。为了达到玻璃钢板双面平整、光滑的表面

效果，可将一层塑料薄膜铺放在玻璃钢板上并盖上一块玻璃平板。

⑥手糊完毕后需待玻璃钢达到一定强度后才能脱模，这个强度定义为能使脱模操作顺利进行而制品形状和使用强度不受损坏的起码强度，低于这个强度而脱模就会造成损坏或变形。通常气温 15～25 ℃、24 h 即可脱模；30 ℃以上 10 h 对形状简单的制品可脱模；气温低于 15 ℃则需要加热升温固化后再脱模。

⑦玻璃钢板脱模后，修理毛边，并美化装饰。

（4）玻璃钢制品质量的自我评定。

① 表面质量是否平整光滑，是否肉眼可看见气泡、分层？

② 形状尺寸与设计尺寸是否相符？

3. 聚酯玻璃钢的性能测试

（1）冲击性能的测试，实验方法参照 GB/T 1451—2005。

（2）邵氏硬度的测试，实验方法参照 GB/T 2411—2008。

6.6.5 实验报告要求

（1）简述实验原理。

（2）详细记录设备型号及操作情况。

（3）根据制品好坏情况，分析其原因。

（4）根据纳米粒子增韧改性机理讨论实验所得制品的性能结果。

6.6.6 思考题

（1）手糊成型工艺有何特点？

（2）不饱和聚酯树脂配方中的引发剂和促进剂分别起何作用？

（3）手糊成型的基本流程有哪些？

第 7 章　高分子材料综合实验

7.1　塑料配方设计及性能表征

7.1.1　实验要求

（1）实验之前查阅文献资料，了解塑料的应用范围和配方设计要点，提出实验方案。

（2）总结文献提出塑料配方设计方案。

（3）在实验室条件下制备添加不同功能性填料或改性剂的塑料片材。

（4）进行力学、光学、热学、化学以及电学性能测试。

（5）分析配方和混合塑炼条件对产品性能影响的变化规律。

7.1.2　实验论证与答辩

1. 查阅文献资料

通过查阅文献资料，了解国内外研究、生产共混改性塑料的科技动态。

2. 实验立题报告的编写内容

（1）论述塑料共混改性的动态、社会与经济效益。

（2）论述共混改性塑料的应用情况、与该题目相关的研究进展。

（3）实施该项目的具体方案、步骤、性能检测手段。

3. 实验立题答辩

在实验指导老师和同学们组成的答辩会上宣讲立题报告，倾听修改意见，最终将完善后的实验立题报告交于实验指导老师审阅，批准后进行实验准备。

7.1.3 实验提示

1. 原料

（1）树脂。聚乙烯、聚丙烯、聚氯乙烯、聚苯乙烯、ABS（丙烯酸-丁二烯-苯乙烯）、聚甲基苯烯酸甲酯。

（2）功能填料。二氧化碳、碳酸钙、木粉、陶土、钛白粉、滑石粉、云母、蒙脱土、石英、玻璃纤维、炭黑、金属纤维/粉/氧化物。

（3）稳定剂。三盐基硫酸铅、二盐基亚磷酸铅、硬脂酸盐类。

（4）增塑剂。邻苯二甲酸二辛酯（DOP）以及邻苯二甲酸二丁酯（DBP）等。

（5）增韧剂。橡胶、丙烯酸酯聚合物、无机纳米粒子。

（6）润滑剂。硬脂酸、硬脂酸丁酯、油酰胺、乙撑双硬脂酰胺、天然石蜡、液体石蜡（白油）。

2. 配方的设计

配方的设计是树脂成型过程的重要步骤，对于聚合物树脂，为了提高其成型性能、稳定性和获得良好的制品性能并降低成本，必须在树脂基体中配以各种助剂。

（1）树脂。树脂的性能应满足各种加工成型和最终制品的性能要求。

（2）稳定剂。稳定剂的加入可防止聚氯乙烯树脂在高温加工过程中发生降解而使性能变坏。稳定剂通常按化学组分分成四类：铅盐类、金属皂类、有机锡类和环氧脂类。

（3）润滑剂。润滑剂的主要作用是防止黏附金属，延迟聚合物树脂的凝胶作用和降低熔体黏度。润滑剂可按其作用分为外润滑剂和内润滑剂两大类。

（4）填充剂。在塑料中加入填充剂，可大大降低产品成本和改进制品的某些性能。常用的填充剂有碳酸钙等。

（5）增塑剂。可增加树脂的可塑性、流动性，使制品具有柔软性。常用的增塑剂有邻苯二甲酸酯、己二酸和癸酸酯类及磷酸酯类。

（6）改性剂。为改善树脂作为硬质塑料应用所存在的加工性、热稳定性、耐热性和冲击性差的缺点，常常按要求加入各种改性剂，改性剂主要有以下几类。

①冲击性能改性剂。用以改进塑料的抗冲击性及低温脆性等，常用的有氯化聚乙烯（CPE）、乙烯-醋酸乙烯共聚物（EVA），丙烯酸酯类共聚物（ACR）、丙烯腈-丁二烯-苯乙烯共聚物（ABS）及甲基丙烯酸甲酯-丁二烯-苯乙烯接枝共聚物等。

②加工改性剂。其作用是只改进材料的加工性能而不会明显降低或损害其他物理性能，常用的加工改性剂如丙烯酸酯类、α-甲基苯乙烯低聚物及丙烯酸酯和苯乙烯共聚物。

此外，还可根据制品需要加入颜料、阻燃剂及发泡剂等。聚合物树脂配方中各组分的作用是相互关联的，不能孤立地选配，在选择组分时，应全面考虑各方面的因素，按照不同制品的性能要求、原材料来源、价格以及成型工艺进行设计。

3. 混合

混合是使多相不均态的各组分转变为多相均态的混合料，常用的混合设备有 Z 型捏合机和高速混合器。

塑料配方中加有大量的增塑剂，为保证混合料在捏合中分散均匀，必须考虑以下因素：

（1）树脂与增塑剂的相互作用。树脂在增塑剂中发生体积膨胀（称之为“溶胀”），当树脂体积膨胀到分子间相对活动足够小时，树脂大分子和增塑剂小分子相互扩散，从而逐步溶解。影响溶胀完善、分散均匀的主要因素有混合温度、树脂结构以及所用增塑剂与树脂的相容性。

（2）多种组分的加料顺序。为了保证混合料分散均匀，还必须注意加料顺序，应先将增塑剂和树脂混合使相溶胀完善，再将填充剂混入，以免增塑剂首先掺入填充剂颗粒中。

此外，混合时间以及搅拌桨形式均影响混合料的均匀性。

4. 塑炼

塑炼的目的是使物料在剪切作用下热熔，剪切混合达到期望的柔软度和可塑性，使各组分分散更趋均匀，并可驱逐物料中的挥发物。

塑炼的主要控制因素是塑炼温度、时间和剪切力。

塑炼常用设备为双辊塑炼机，在生产中也可通过密炼或挤出机完成塑化过程。

压制法生产塑料硬板，是将树脂及各种助剂经过混合、塑化、压成薄片，在压机中经加热、加压，并在压力下冷却成型而制得的。用压制法生产的硬板光洁度高、表面平整，厚度和规格可以根据需要选择和制备，是生产大型塑料板材的一种常用方法。

7.1.4　结果与讨论

（1）分析配方中各个组分的作用。

（2）观察所压制硬板的表观质量，分析出现塌陷、气泡、开裂等现象的原因。

（3）重点阐明实验过程中的影响因素，如配方、加料顺序、成型方法、测试手段等对实验结果的影响。

（4）如果实验失败，则要分析具体原因（配方、工艺、实验过程），查阅文献找出原因，提出改进措施。

7.1.5　实验报告要求

（1）简述实验的目的。

（2）简述实验的原理。

（3）列出实验的配方。

（4）简述各实验步骤。

（5）对实验结果和实验中出现的现象及实验成功、失败的原因进行分析。

（6）对整个实验过程中的操作的满意度做出自身评价。

（7）实验报告的撰写格式符合统一规定，内容掌握力求翔实具体。

7.2 环保胶黏剂制备及性能研究

7.2.1 实验目的

（1）了解环保类胶黏剂的研究进展。

（2）掌握聚乙烯醇改性大豆蛋白胶黏剂的实验原理，探究交联剂含量对胶黏剂质量的影响规律。

（3）掌握聚乙烯醇改性大豆蛋白胶黏剂黏接强度的测试方法。

7.2.2 实验原理

胶黏剂是指通过界面黏附和内聚等作用，使 2 种或 2 种以上的分离材料黏结在一起，并阻止彼此分离的一类物质，广泛应用于木材加工、建筑材料、食品包装、机械制造等领域。传统化石资源的脲醛胶、三聚氰胺改性脲醛胶和酚醛胶占据了胶黏剂的大部分市场份额，这类胶黏剂虽然具有优异的黏接和耐水性能，但在生产、运输和使用过程中会释放出有毒有害的游离甲醛及游离酚等，对人体健康造成极大危害。近年来，为了减少此类产品对环境的不良影响，生物质基胶黏剂得到了广泛的研究，也成为最有可能替代甲醛类胶黏剂的绿色环保型胶黏剂。

生物质基胶黏剂的主体原料来源于各类生物质，包括蛋白质、天然多糖、木质素、单宁等。相较于传统的石油基胶黏剂，生物质基胶黏剂具有原料来源丰富、无毒环保、价格低廉、黏结速度快等优点，因此其被认为是最有潜力替代石油基胶黏剂的材料。其中，大豆蛋白凭借来源丰富、可再生、价格低廉和绿色环保等优势，已逐渐成为制备木材胶黏剂的理想原料。大豆蛋白分子结构中含有大量的羟基、氨基和羧基等极性基团，能和木材界面间形成氢键结合而产生良好的干胶强度。大豆蛋白基胶黏剂因具有原料无毒、生物降解性和产量大等优点，有可能成为一种有效的绿色环保型胶黏剂。然而，研究发现大豆蛋白基胶黏剂也存在一些不足，如耐水性差、黏度高、固化温度高等，对大豆蛋白基胶黏剂的产业化是一个挑战。

当前有很多关于大豆蛋白基胶黏剂的研究，如利用异氰酸酯、聚酰胺环氧氯丙烷、酶解和接枝共聚等改性方法制备大豆蛋白基胶黏剂。这些交联剂通过与大豆蛋白上的活性基团发生反应，形成致密的网状交联结构以提高其耐水性。未改性的大豆蛋白虽然拥有众多活性基团，但由于其复杂的球形空间构型，因此大量的活性基团包裹在球形结构内部，难以发挥作用。利用简单高效的交联剂直接与大豆蛋白原料混合，开发出无毒环保的大豆蛋白基胶黏剂具有重要意义。

聚乙烯醇（PVA）分子结构中含有大量的羟基或酯基，能与基材形成良好的黏接，也能溶于水，无毒无害，是作为胶黏剂的理想材料之一。环氧氯丙烷（ECH），也是被常用作生物质胶黏剂的改性剂。本实验通过利用 PVA 的黏性作为胶黏剂的组分之一，与环氧化合物（ECH）混合交联，再与蛋白质分子的活泼官能团接枝反应，从而提高胶黏剂固化后交联密度、黏接强度和耐水性。ECH 的引入可降低 PVA 的规整度并提高热稳定性结构单元。在碱性条件下，ECH 容易开环，在搅拌和试件热压的过程中可与大豆蛋白分子的氨基结合反应。通过蛋白质与 PVA-ECH 接枝反应得到的交联结构，可能形成疏水结构和提高热稳定性，从而提高制备胶黏剂的胶合强度。实验中着重探究交联剂 PVA-ECH 对胶黏剂黏接性能的影响。

7.2.3　实验仪器和药品

（1）仪器：三口瓶、冷凝管、加热套、真空干燥箱、广泛 pH 试纸、榉木板样品（长 50 mm，宽 20 mm，厚 3 mm）、载玻片、旋转黏度计、红外光谱仪、万能实验机。

（2）药品：脱脂豆粉（DSF）、聚乙烯醇（PVA）、环氧氯丙烷（ECH）、氢氧化钠（NaOH）、去离子水。

7.2.4　实验内容

1. 大豆蛋白基胶黏剂的制备

将 PVA 与 ECH 按质量比 2∶1 混合，再分别加入不同质量的蒸馏水，置于三口烧瓶中，水浴加热至 90 ℃，机械搅拌 2 h 后自然冷却至室温，制备成质量浓度分别为 3%、6%、8%和 10%的交联剂溶液。将 20 g DSF 和交联剂溶液分别加入三口烧瓶中，以 30%的氢氧化钠溶液调节 pH 为 11，在 40 ℃水浴加热并机械搅拌 30 min，制得大豆蛋白基胶黏剂，配方见表 7.1。

表 7.1　大豆蛋白基胶黏剂的配方

样品	*m*（DSF）/g	*m*（PVA）/g	*m*（ECH）/g	*m*（水）/g
DSF	20	—	—	80
PVA-DSF	20	3	—	80
ECH-DSF	20	—	1	80
PVA-ECH-DSF-1%	20	1	0.5	80
PVA-ECH-DSF-2%	20	2	1	80
PVA-ECH-DSF-3%	20	3	1.5	80
PVA-ECH-DSF-4%	20	4	2	80
PVA-ECH-DSF-5%	20	5	2.5	80

2. 三层胶合板的制备

将制备好的改性大豆蛋白胶黏剂均匀涂布在榉木板上，按照图 7.1 所示制备试样件。榉木板样品规格：长 50 mm，宽 20 mm，厚 3 mm，涂布面积为 20 mm×20 mm。在 130 ℃、1 MPa 条件下热压 15 min，室温下放置 24 h 后测试性能。

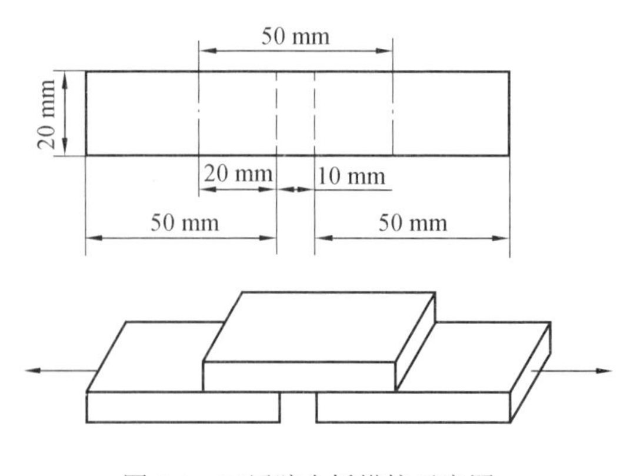

图 7.1　三层胶合板搭接示意图

3. 测试或表征

（1）结构特征：采用红外光谱（FTIR）对固化后的胶黏剂进行结构表征。将改性大豆蛋白胶黏剂放入 105 ℃固化，即得试样。取少量固化试样与溴化钾混合，用玛瑙研钵研磨均匀达到一定细度，压片制样；ECH、PVA 和 ECH-PVA 采用相同测试方法，取 1～2 滴样品滴在 KBr 片上均匀涂抹。

（2）黏接强度：按照《木材工业用胶粘剂及其树脂检验方法》（GB/T 14074—2017）标准采用万能力学实验机进行测定（室温，拉伸速率为 10 mm/min）。

（3）黏度：按照《涂料黏度的测定　斯托默黏度计法》（GB/T 9269—2009）标准测试，25 ℃下，将改性大豆蛋白胶黏剂放入黏度计中进行测试。

（4）耐水性：将制备得到的样品均匀地涂抹在玻璃载玻片上，室温条件下自然干燥 48 h，放置于室温条件下的水中浸泡。依据开胶时间，判定样品材料的耐水性能。

7.2.5　思考题

（1）PVA-ECH 对大豆蛋白基胶黏剂的改性机理是什么？

（2）交联剂 PVA-ECH 对大豆蛋白基胶黏剂黏接性能有何影响？

（3）影响大豆蛋白基胶黏剂的黏接强度的因素主要有哪些？

7.3　刺激响应性聚合物的合成及表面浸润性研究

7.3.1　实验目的

（1）通过实验了解刺激响应性聚合物的特点，掌握刺激响应性聚合物结构设计的原理。

（2）掌握刺激响应性聚合物本体聚合的基本原理，着重了解聚合温度对产品质量的影响规律。

（3）掌握刺激响应性聚合物表面浸润性的测试方法。

7.3.2 实验原理

刺激响应性聚合物是一类在外界环境微小刺激下，能够表现出较为显著的物理或化学性质变化的聚合物。因其独特的性质，通常作为智能材料而广泛应用于药物传递、生命诊断、组织工程和智能光学系统，以及生物传感器、微机电系统、涂料和纺织品等领域。外界环境刺激因素包含化学因素和物理因素。其中化学因素包括pH、电化学、离子强度和生物因素等，在化学作用刺激下，体系会在分子水平上发生聚合物之间、聚合物与溶剂之间相互作用的改变。而物理因素，如温度、光、电场、磁场、机械作用等，则会影响分子间各部分的能量水平，并在某个临界点时改变分子间的相互作用。

目前关于刺激响应性聚合物的研究很多，但主要集中于对温度和 pH 敏感的两类聚合物。其中聚甲基丙烯酸二甲氨基乙酯（PDMAEMA）是一种非常重要的刺激响应性聚合物，且具有温度和 pH 双重响应性。PDMAEMA 分子结构中同时存在亲水性的叔氨基、羰基和疏水性的烷基基团，且两类基团在空间结构上互相匹配，当体系的温度或 pH 改变时，可造成氢键的形成与破坏，从而发生高分子相态的变化。PDMAEMA 在酸性条件下胺基带上正电荷，成为聚电解质，可以作为共聚物中的亲水性单体。通过共聚的方式引入其他单体，可以对聚合物进行分子水平上的设计，从而改变 PDMAEMA 的相变行为。

本实验中聚甲基丙烯酸二甲氨基乙酯-聚苯乙烯无规共聚物（PDMAEMA-*co*-PS）采用自由基本体聚合的方法合成。本体聚合的主要特点是产物较纯净，工艺过程、设备比较简单，适于制备透明性和电性能好的板材、型材等制品。不足的地方是反应体系黏度大，自动加速现象显著，聚合反应的反应热不易导出，容易局部过热，引起分子量的分布不均。因此，本体聚合中需要严格控制不同阶段的反应温度，及时排出聚合热，乃是聚合成功的关键问题。

表面浸润性是表示液体在固体表面的铺展能力，是固体材料的一项固有物理属性。固体表面的浸润性一般用接触角θ来衡量。接触角的定义是，在三相的交点处

（一般是固-液-气三相）作气液界面的切线，切线与固液交界线之间存在的夹角就是接触角θ，如图 7.2 所示。如果$\theta < 90°$，那么此液体可以在固体表面铺展，该固体是亲液的；如果$\theta > 90°$，那么此液体不能在固体表面铺展，该固体是疏液的。超疏液表面则是指与液体的接触角$\theta > 150°$的表面。

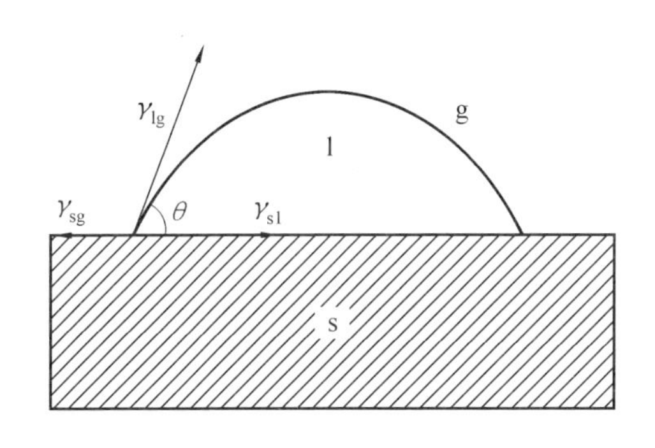

图 7.2 接触角示意图

固体的表面浸润性一般是由固体表面的化学组成和粗糙形貌结构所决定的。除此之外，外加场如电、磁、热、光等也可以对固体的表面浸润性产生影响。因此，可以通过外场来调节和控制表面浸润性，制备表面疏水性-亲水性/疏油性-亲油性的可逆转变的固体表面材料。这种疏水-亲水/疏油-亲油开关材料可以应用在液体传输、微流控芯片、生物芯片、油水分离、抗污染表面修饰等领域。本实验通过调节体系温度和 pH，用接触角测量仪测定样品在空气中对水的接触角以及在水中对油（正辛烷）的接触角变化，从而研究 PDMAEMA-*co*-PS 表面浸润性随体系温度和 pH 变化的规律。

7.3.3 实验仪器和药品

（1）仪器：三口瓶、冷凝管、加热套、真空干燥箱、广泛 pH 试纸、载玻片、红外分光光谱仪、接触角测量仪。

（2）药品：甲基丙烯酸二甲氨基乙酯（DMAEMA）、苯乙烯（St）、偶氮二异丁腈（AIBN）、四氢呋喃（THF）、正己烷、无水乙醇、中性氧化铝（100～200 目）、正辛烷、盐酸（HCl，36%～38%）、染色剂、成套 pH 缓冲试剂、氢氧化钠（NaOH）、去离子水。

7.3.4 实验内容

1. PDMAEMA-*co*-PS 的本体聚合

（1）取一个干净的三口烧瓶，依次加入单体 DMAEMA（已精制）、St（已精制）、引发剂 AIBN（已重结晶提纯），放入搅拌子，使单体与引发剂混合均匀，夹好三口烧瓶与冷凝管。然后，设定合适的温度和搅拌速率进行反应。反应过程中要注意观察搅拌子的搅拌速率。（本实验采用本体聚合的方法，反应体系中的热量较难排出，经常出现爆聚的现象，一旦出现爆聚现象应立刻停止反应，降低反应温度，并重新开始实验。）

（2）反应结束后，关闭加热器，将三口烧瓶取出，将一定量的四氢呋喃倒入反应完毕的三口烧瓶中，使烧瓶中的聚合物全部溶解后倒入干净的烧杯内。然后将正己烷缓缓加入烧杯中同时用玻璃棒缓慢搅拌，直到不再有沉淀析出，静置 1～2 h，待沉淀全部沉积在烧杯底部，将表层液体倒入废液瓶中。得到的沉淀继续用四氢呋喃溶解，再加入正己烷，这样反复沉析三次以确保聚合物中未反应的单体全部去除。最后收集聚合物并真空干燥。

（3）压片法测 PDMAEMA-*co*-PS 的红外吸收光谱取 2 mg 制备的 PDMAEMA-*co*-PS，加入 100 mg 溴化钾粉末，在玛瑙研钵中充分磨细，使之混合均匀，将其在红外灯下烘 10 min。在压片机上压成透明薄片。将夹持薄片的螺母插入红外分光光谱仪试样安放处，从 4 000～600 cm^{-1} 进行波数扫描，得到 PDMAEMA-*co*-PS 的红外吸收光谱。

2. PDMAEMA-*co*-PS 表面浸润性随温度、pH 变化的响应行为

（1）样品制备：取约 0.1 g PDMAEMA-*co*-PS，用 0.5 mL THF 溶解，将溶液滴在载玻片上，放置于带盖的培养皿中，室温放置 1～2 h，样品干燥后，聚合物即在载玻片上形成光滑薄膜。制备粗糙表面样品时，将溶液滴在载玻片上并置于带盖的培养皿中，室温放置 30 min，样品表面光滑但尚未干透，用毛玻璃在样品上按压，形成粗糙表面，再在室温下放置 1～2 h 至样品干燥。

（2）不同 pH 溶液的配制：用 HCl、NaOH、成套缓冲剂和去离子水配制 pH 为 1～12 的水溶液，并用 pH 计测定溶液的 pH。pH=1、2、3、4、5、6 的溶液用 HCl 和去离子水配制，pH=7、8、9、10、11、12 的溶液用 NaOH 和去离子水配制。

（3）测定接触角：用接触角测量仪测定样品在空气中对水的接触角以及在水中对油（正辛烷）的接触角，滴在样品上的水滴或油滴的体积为 2 μL，温度由测量仪的控温台控制，用测量仪拍摄水滴或油滴的形态，测得接触角的大小，每次在样品表面三个不同位置测定并取平均值。

（4）温度、pH 对 PDMAEMA-*co*-PS 浸润性的影响：调节体系温度和 pH，用接触角测量仪测定样品在空气中对水的接触角以及在水中对油（正辛烷）的接触角变化，从而研究 PDMAEMA-*co*-PS 表面浸润性随体系温度和 pH 变化的规律。

7.3.5　思考题

（1）影响 PDMAEMA-*co*-PS 本体聚合的因素主要有哪些？

（2）制备粗糙表面对 PDMAEMA-*co*-PS 浸润性响应行为有何影响？

7.4　低温等离子体处理热塑性塑料薄膜及其表面性能的表征

7.4.1　实验目的

（1）了解热塑性高分子塑料薄膜的表面特征。

（2）了解常用的塑料表面改性方法。

（3）掌握低温等离子体处理技术。

（4）掌握低温等离子体处理设备的操作方法。

（5）掌握静态接触角仪的使用要求，学会测试热塑性塑料表面的接触角。

（6）了解低温等离子体处理的时效性。

7.4.2 实验原理

1. 高分子材料的表面特征

材料的表面结构与性质与其本体有着明显的区别，高分子材料表面有着特殊的性质，巨大的分子尺寸是高聚物的特性，这就意味着表面上的个体分子也有可能较深地延伸进入材料本体，从事实上扩大了受影响的区域。与其他固体材料相比，聚合物表面有其共性和自身特点，聚合物的表面张力等物理性质和表面的化学组成、化学结构、分子结构以及凝聚态结构密切相关。聚合物分子随时间和环境的“分子运动”是聚合物表面的一个基础问题。从化学角度讲，表面化学反应不仅依赖于表面连接的功能基团，而且与表面的相互作用相关的功能基团的排列和取向有密切关系。从应用方面来讲，聚合物的一些浸润现象，如黏附、印刷、防水等，影响了聚合物在很多重要技术层面的应用。多个尺度的“分子运动”在聚合物中是共存的。

聚合物的表面特点有：表面能低、化学惰性、表面被污染和弱的边界层等。聚合物通常难于润湿和黏接，因此在很多重要方面的应用受到限制。在实际应用中，为了改善这些表面性质，需对聚合物表面进行改性。

聚合物表面改性是指在不影响聚合物材料本体性能的前提下，在材料表面纳米量级范围内进行的操作，赋予材料表面某些全新的性质，如改善表面化学组成，增加表面能，降低接触角；改善结晶形态和表面的几何结构；清除杂质和脆弱的边界层等。

例如：聚乙烯、聚苯乙烯、聚碳酸酯、聚甲基丙烯酸甲酯等热塑性高分子材料，亲水性和耐磨性比较差，限制了这些材料的进一步应用。

聚合物的表面改性方法有物理方法和化学方法。物理改性有两种：火焰法、等离子体处理法（含等离子体表面改性和等离子体聚合改性）；化学改性包括三种：化学氧化法、化学腐蚀法、化学接枝法。

本实验主要采用低温等离子体表面改性法。

2. 低温等离子体表面改性

等离子体改性技术是 20 世纪 60 年代兴起的一门新技术。等离子体分为低温等离子体（LTP）和高温等离子体（HTP）。HTP 由电火、火焰或大气电弧产生，气体被全部电离，电子和离子处于热平衡，温度高达上万摄氏度，能量高达 104 eV，一般用于有毒物质的分解和耐温无机材料的合成。这个方法不适合改性高分子材料。

低温等离子体（LTP）中气体是部分电离，其中的离子和分子的温度与环境温度接近，能量为 1～10 eV，LTP 中绝大部分的离子能量高于聚合物的化学键能，因此 LTP 具有足够的能量引起聚合物表面化学键的断裂和重组。材料经 LTP 处理过后，能有效地改善其表面黏接性、表面能、润湿性、染色性及生物相容性等性能，而材料的基体性能不受影响，且 LTP 技术具有处理均匀、可控性好、无污染等优点，因此，LTP 已经在改善聚合物表面具有所需要的化学和形态学特性方面的研究取得显著成效。

低温等离子体处理仪如图 7.3 所示。

图 7.3　低温等离子体处理仪图

7.4.3 实验材料及仪器

（1）实验材料：厚度为 0.1 mm 热塑性塑料薄膜（LDPE、PTFE 或聚酯薄膜），惰性气体（N_2、氩气）。

（2）实验仪器：低温等离子体仪（冷等离子体仪）、接触角仪。

7.4.4 实验内容

1. 塑料薄膜的等离子处理操作

（1）将塑料薄膜剪裁成 100 mm×100 mm 小试样，再用镊子夹取脱脂棉蘸丙酮，轻轻擦拭薄膜表面，放置在室温干燥 30 min 以上。

（2）等离子处理仪器的准备：选择处理需要的气体，检查气体是否接入，接入后打开气体阀门，打开仪器背后的空气开关。

（3）开机后默认进入自动模式，点击手动模式切换到手动模式界面，然后点击破空阀，待破空完成后，仪器腔室门方可打开，放入要处理的样品。

（4）破空后返回自动模式，在自动模式页面点击工艺配方按钮进入配方参数设置页面。

（5）参数设置好后返回自动模式，点击配方选择按钮进入配方选择子画面。

（6）关闭仪器腔室门，在自动模式页面点击运行。

（7）当完成处理流程后会弹出处理完成画面，点击确认，取出实验样品。

（8）重复步骤（6）抽真空至腔室门压力为 2～3 Pa，关闭真空泵及总电源、气体瓶减压阀门。

2. 塑料薄膜的表面性能测试

（1）表面接触角测试。

接触角是界面张力的一种表现，与材料表面的化学基团和粗糙度紧密相关。高分子材料表面的润湿性可用水接触角来表征。水接触角越大，材料润湿性越差。水接触角越小，材料润湿性越好。分别用蒸馏水和α-溴萘测量 LTP 处理前后试样表面的静态接触角，每个试样测量 5 个不同的部位，结果取平均值。

（2）表面能计算。

接触角和固体基材的表面能之间的关系可通过下列 Owens 法表示：

$$\gamma_S=\gamma_S^D+\gamma_S^P,\quad \gamma_L=\gamma_L^D+\gamma_L^P \tag{7.1}$$

式中，γ_S 为固体表面能，可以分解为色散力 γ_S^D 项和极性力 γ_S^P 项；γ_L 为液体表面能，也可以分解为色散力 γ_L^D 项和极性力 γ_L^P 项。

使用两种测试液体，并测出液体在固体表面上的接触角 θ_1、θ_2，获得如下的方程组：

$$\gamma_{L1}(1+\cos\theta_1)=2(\gamma_S^D\gamma_{L1}^D)^{\frac{1}{2}}+2(\gamma_S^P\gamma_{L1}^P)^{\frac{1}{2}} \tag{7.2}$$

$$\gamma_{L2}(1+\cos\theta_2)=2(\gamma_S^D\gamma_{L2}^D)^{\frac{1}{2}}+2(\gamma_S^P\gamma_{L2}^P)^{\frac{1}{2}} \tag{7.3}$$

由该方程组可以求出 γ_S^D 和 γ_S^P，进而可以求出固体的表面能：$\gamma_S=\gamma_S^D+\gamma_S^P$。

水和α-溴萘的表面能的极性力和色散力见表 7.2。

表 7.2　测试液体的表面能

液体	γ_S^P	γ_S^D	γ_L	$\frac{\gamma_L^P}{\gamma_L^D}$	极性
水	51.0	21.8	72.8	2.4	极性
α-溴萘	0.0	44.6	44.6	0.0	非极性

由表 7.2 可知，水和 α-溴萘两种液体的 $\frac{\gamma_L^P}{\gamma_L^D}$ 值相差很远，符合计算表面能对测试液体的要求。

（3）塑料薄膜处理后的时效性。

LTP 处理聚合物材料具有时效性，改性效果随时间延长而减弱。本实验选择 LTP 处理最佳工艺参数，将处理后的试样放置无尘室，测量其接触角及表面能，记录数据并分析其时效性。每隔 4 h，测试处理后的薄膜的接触角和表面能。

绘制处理后放置时间与接触角的关系。

（4）实验记录。

①薄膜的处理气氛、处理功率、处理时间。

②薄膜经处理后的表面特征（如颜色）变化。

③处理前后的接触角。

④处理后的时效性。

7.4.5 思考题

（1）对比物理改性和化学改性的优缺点。

（2）简述低温等离子体改性的机理。

（3）为何处理后的表面接触角具有明显的时效性？

7.5 水性环氧树脂涂料的研制

7.5.1 实验要求

（1）实验之前查阅文献资料，了解环氧树脂涂料的应用范围，以及现有的环氧树脂水性化方法，提出实验方案。

（2）根据方案制备水性环氧树脂涂料。

（3）考察水性环氧树脂涂料的稳定性，包括离心稳定性、冻融稳定性等。

（4）按照相关标准制备漆膜，测试漆膜硬度、附着力、光泽度、耐介质等相关性能。

（5）分析涂料制备工艺及助剂等对涂层性能影响的变化规律。

7.5.2 实验论证与答辩

1. 查阅文献资料

通过查阅文献资料，了解国内外研究、生产水性环氧树脂涂料的科技动态。

2. 实验立题报告的编写内容

（1）论述环氧树脂涂料水性化的动态、社会与经济效益。

（2）论述水性环氧树脂涂料的应用情况、与该题目相关的研究进展。

（3）实施该项目的具体方案、步骤、性能检测手段。

3. 实验方案论证答辩

在实验指导老师和同学们组成的答辩会上宣讲具体的实验方案，倾听修改意见，最终将完善后的实验方案交于实验指导老师审阅，批准后进行实验准备。

7.5.3　实验提示

1. 原料

（1）树脂。环氧树脂、脂肪胺、丙烯酸、苯乙烯、甲基丙烯酸甲酯、丙烯酸丁酯。

（2）助剂。消泡剂、流平剂、润湿剂、抗闪锈剂、钛白粉、滑石粉、云母、蒙脱土、炭黑等。

2. 环氧树脂水性化技术

环氧树脂水乳液的常用制备方法可分为相反转法、自乳化法和固化剂乳化法。

（1）相反转法。

利用相反转法可将高分子树脂乳化为乳液，改变水相的体积使聚合物由油包水状态转化为水包油状态。

相反转原指多组分体系中的连续相在一定条件下相互转化的过程，如在油/水/乳化剂体系中，当连续相由水相向油相（或从油相向水相）转变时，在连续相转变区，体系的界面张力最低，因而分散相的尺寸最小。相反转法借助于外加乳化剂的作用几乎可将所有的高分子树脂通过物理乳化方法制得乳液。

（2）自乳化法（化学改性法）。

自乳化法是通过对环氧树脂分子进行改性，将离子基团或极性基团引入到环氧树脂分子的非极性链上，使它成为亲水亲油的两亲性聚合物，从而具有表面活性剂的作用。

在环氧树脂中，环氧基的存在使其具有较好的反应活性，因为环氧基为三元环，张力大，C、O 电负性的不同使环具有极性，容易受到亲核或亲电试剂进攻而发生开环反应；分子骨架上所悬挂的羟基虽然具有一定反应活性，但由于空间位阻，其反应程度较差。自乳化法就是利用环氧树脂中基团的反应活性将亲水性链段或基团引入到环氧树脂分子链段上，同时保证每个改性环氧树脂分子中有 2 个或 2 个以上环氧基，所得的改性环氧树脂不用外加乳化剂即能自行分散于水中形成乳液。其改性方法有酯化反应型、醚化反应型和接枝反应型。

①酯化反应型。

酯化反应型是氢离子先将环氧环极化，酸根离子再进攻环氧环，使其开环。

a. 先使环氧树脂与不饱和脂肪酸酯化制成环氧酯，再用乙烯型不饱和二元羧酸或酸酐与环氧酯加成而引进羧基，最后经胺（碱）中和成盐。

b. 二元羧酸（酐）和环氧树脂链上的羧基或环氧基发生反应引入羧基得阴离子环氧酯，然后用叔胺中和可得稳定的水分散体。

酯化法的缺点是酯化产物中的酯键会随时间增加而水解，导致体系不稳定。为避免这一缺点，可将含羧基单体通过形成碳碳键接枝于高相对分子质量的环氧树脂上。

②醚化反应型。

醚化反应型与酯化反应型不同，这一反应均是亲核试剂直接进攻环氧环上的 C 原子，目前的方法有：

a. 将环氧树脂和对位羟基苯甲酸甲酯反应，再水解、中和。

b. 将环氧树脂与巯基乙酸反应，再水解、中和。

c. 将对位氨基苯甲酸与环氧树脂反应，产物可稳定分散于合适的胺 /水混合溶剂中。

③接枝反应型。

接枝反应型是通过自由基引发剂引发，丙烯酸接枝共聚将亲水组分引入环氧树脂，得到不易水解的水性化环氧树脂。一般接枝单体为甲基丙烯酸、苯乙烯、丙烯酸乙/丁酯，引发剂为过氧化苯甲酰（BPO），反应后加氨水中和制得水乳液。由于分子链中不存在酯基，最终可制得不易水解、性能稳定的水性乳液。

（3）固化剂乳化法。

将常用的胺类固化剂进行改性，使固化剂具有适当的疏水性，然后采用改性固化剂按照理论配比与环氧树脂混合，搅拌均匀后，直接加水稀释即可乳化。

7.5.4　结果与讨论

（1）分析环氧树脂水性化稳定性影响因素。

（2）分析配方中各个助剂对水性环氧树脂稳定性的影响。

（3）分析各因素对水性环氧树脂涂料涂层性能的影响并总结规律。

（4）与现有报道的水性环氧树脂涂料进行比较。

7.5.5　实验报告要求

（1）简述实验的目的。

（2）简述实验的原理。

（3）简述实验的内容。

（4）详述实验方案。

（5）对实验结果进行分析和讨论。

（6）对制备的水性环氧树脂涂料进行应用前景评估。

（7）实验报告的撰写格式符合统一规定，内容掌握力求翔实具体。

7.6 水性光固化涂料的研制

7.6.1 实验要求

（1）实验之前查阅文献资料，了解光固化涂料的研究现状和树脂类型，以及现有的光固化树脂水性化方法，针对环氧丙烯酸酯和或者聚氨酯丙烯酸酯的水性化提出实验方案，每三个人一组，三到五组为一个完整系列，以方便对比分析不同结构对性能影响。

（2）根据方案制备水性光固化涂料。

（3）考察水性光固化涂料的稳定性，包括离心稳定性、冻融稳定性和热储稳定性等。

（4）按照相关标准制备固化漆膜，测试漆膜硬度、附着力、光泽度、耐介质等相关性能。

（5）分析涂料合成配方、工艺及助剂等对涂层性能影响的变化规律。

7.6.2 实验论证与答辩

1. 查阅文献资料

通过查阅文献资料，了解国内外研究、生产光固化涂料、水性涂料以及水性光固化涂料的科技动态。

2. 实验预习报告的编写内容

（1）论述光固化树脂动态，以及水性化的必要性及其社会与经济效益。

（2）论述水性光固化涂料的技术现状，以及与拟开展内容相关的研究进展。

（3）实施该项目的具体方案、步骤、性能检测手段。

3. 实验方案论证答辩

在实验指导老师、研究生和同学们组成的答辩会上宣讲具体的实验方案，倾听修改意见，最终将完善后的实验方案交于实验指导老师审阅，批准后进行实验准备。

7.6.3　实验提示

1. 原料

（1）树脂。环氧树脂、聚酯二元醇、聚醚二元醇、异氟尔酮二异氰酸酯、二羟甲基丙酸、丙烯酸、邻苯二甲酸酐、丙烯酸羟乙酯、丙烯酸羟丙酯、甲基丙烯酸羟乙酯。

（2）溶剂。丙酮、乙醇、丙二醇甲醚、正丁醇等。

（3）光引发剂。1173、184 等。

（4）助剂。消泡剂、流平剂、润湿剂、抗闪锈剂、钛白粉、滑石粉、云母、蒙脱土、炭黑等。

2. 光固化涂料水性化技术

水性光固化涂料的常用制备方法可分为相反转法、自乳化法，本实验建议采用自乳化实验方案。

（1）相反转法。

利用相反转法可将油性光固化树脂乳化为乳液，改变水相的体积使聚合物由油包水状态转化为水包油状态。

相反转原指多组分体系中的连续相在一定条件下相互转化的过程，如在油/水/乳化剂体系中，当连续相由水相向油相（或从油相向水相）转变时，在连续相转变区，体系的界面张力最低，因而分散相的尺寸最小。相反转法借助于外加乳化剂的作用几乎可将所有的光固化树脂通过物理乳化方法制成水性光固化乳液。

（2）自乳化法（化学改性法）。

自乳化法是在合成过程中在环氧丙烯酸酯或者聚氨酯丙烯酸酯中引入离子基团或极性基团，使它成为亲水亲油的两亲性聚合物，从而具有表面活性剂的作用。

在环氧丙烯酸酯中可以利用侧基的羟基进行改性引入离子基团或极性基团，或者利用环氧的活泼氢进行链转移聚合接枝聚丙烯酸树脂引入离子基团。

聚氨酯丙烯酸酯则在聚氨酯合成过程中引入亲水链段（聚乙二醇），或者在侧基上引入羧酸并进而中和成盐，所制备的亲水亲油树脂高速剪切乳化，最后得到稳定的分散体。

①环氧丙烯酸酯。

a. 酸酐改性。先使环氧树脂与丙烯酸或者甲基丙烯酸开环制成环氧丙烯酸酯，再用酸酐接枝改性侧基的羟基引入羧酸基团，进而中和成盐引入离子基团，在不同条件下乳化。该方法工艺简单，但酯基不耐水解，因此制得的分散体和固化漆膜稳定性较差。

b. 接枝聚合。通过自由基引发剂引发，丙烯酸接枝共聚将亲水组分引入环氧树脂，得到不易水解的水性化环氧树脂。一般接枝单体为甲基丙烯酸、苯乙烯、丙烯酸乙/丁酯，引发剂为过氧化苯甲酰（BPO），聚合反应后采用丙烯酸的羧基与环氧反应开环引入丙烯酸双键，反应后加胺中和乳化。由于分子链中不存在酯基，最终可制得不易水解、性能稳定的水性乳液。

②聚氨酯丙烯酸酯。

a. 非离子型。在聚氨酯合成中引入不同长度的聚乙二醇亲水软段，提高聚氨酯的亲水性，再利用丙烯酸羟乙酯或者甲基丙烯酸羟乙酯封端引入丙烯酸双键，在不同条件下乳化。该方法工艺简单，但聚乙二醇亲水段的过多引入会恶化固化漆膜的耐介质性能，特别是耐水性能。

b. 阴离子型。在聚氨酯合成中引入亲水扩链剂二羟甲基丙酸/二羟甲基丁酸，再利用单羟基丙烯酸酯单体封端引入丙烯酸双键，反应后加胺中和乳化。本类型制备的聚氨酯热储稳定性稍差，但固化漆膜整体性能优异。

c. 阳离子型。在聚氨酯合成中引入亲水扩链剂N-甲基二乙醇胺，再利用单羟基丙烯酸酯单体封端引入丙烯酸双键，反应后加酸中和乳化。本类型制备的聚氨酯热储稳定性稍差，但固化漆膜整体性能优异。该方法合成过程工艺性较差。

7.6.4 结果与讨论

（1）小组单独分析合成、乳化过程及现象，并结合文献加以探讨。

（2）小组单独及大组共享数据分析光固化涂料水性化稳定性影响因素。

（3）小组单独分析喷涂工艺和光固化过程的影响因素。

（4）大组共享数据分析水性光固化涂料性能的影响因素并总结规律。

（5）小组单独与现有报道的水性光固化涂料进行比较。

7.6.5 实验报告要求

（1）简述实验的目的。

（2）简述实验的原理。

（3）简述实验的内容。

（4）详述实验方案。

（5）对实验结果进行分析和讨论。

（6）对制备的水性光固化涂料进行应用前景评估。

（7）实验报告的撰写格式符合统一规定，内容掌握力求翔实具体。

7.7 玻璃纤维增强热固性树脂复合材料的制备及光固化修补

7.7.1 实验目的

（1）掌握手糊成型工艺的基本原理和操作过程。

（2）熟悉裁剪玻璃布和铺层技术的要点。

（3）掌握不饱和聚酯固化体系的配制及设计。

（4）熟练测试复合材料的力学性能。

（5）掌握复合材料光固化修补技术的原理和操作过程。

7.7.2 实验原理

玻璃纤维增强热固性树脂复合材料（GFRP）因其轻质、高强、高模、耐腐蚀以及可设计性好而广泛应用于航空、宇航、体育以及汽车工业等领域。常用的热固性树脂基体主要有环氧树脂、不饱和聚酯以及酚醛树脂等，其中玻璃纤维增强不饱和聚酯是 GFRP 中应用最广泛的一种，不仅大量用于民用领域，而且还广泛应用于航空雷达天线罩和高频数字印刷线路板等领域。

目前，手糊成型工艺是制备玻璃纤维增强热固性树脂复合材料的主要工艺之一，这种成型方法的特点是设备简单，适宜于多品种、小批量生产，尤其是适合于生产形状复杂的航空结构件，因此学生掌握手糊成型工艺技术非常有必要。此外，学生在掌握制备工艺的基础上，还需要进一步了解复合材料光固化修补技术，该技术具有固化速度快，操作简单以及温度低等特点。

本实验采用不饱和聚酯树脂浸渍玻璃布，通过手糊成型工艺将其铺敷在玻璃板模具上制作复合材料制品。在树脂固化后，将制品从玻璃板模具上脱模，得到玻璃纤维增强热固性树脂复合材料，并对其力学性能进行测试。采用环氧丙烯酸树脂和玻璃布等材料制备光固化复合材料补片，通过光固化技术对基材进行修补，并对修补效果进行评价。

7.7.3 实验材料及仪器

（1）原材料：191#树脂、环氧丙烯酸树脂、玻璃布、引发剂、活性稀释剂、促进剂等。

（2）实验工具：毛刷、玻璃板、薄膜、刮刀、剪刀、烧杯等。

（3）主要仪器：天平、万能电子拉力机、光固化仪。

7.7.4 实验内容

1. 复合材料的制备

（1）玻璃布裁剪。

预算玻璃布的层数，并按照设计要求用剪刀将玻璃布裁剪成一定尺寸待用。

（2）模具准备。

将玻璃平板表面洗刷干净、干燥，并在不饱和聚酯与玻璃平板接触面铺上塑料薄膜作为脱模剂。为了避免塑料薄膜在手糊过程中移动，可用透明胶布将其固定在玻璃板上。

（3）手糊成型操作。

①首先将 1～2 层玻璃布铺放在玻璃板的塑料薄膜上，然后将引发剂与不饱和聚酯树脂按比例配合均匀，再加入促进剂，搅匀后马上淋浇在玻璃布上，并用刮刀、毛刷迫使树脂浸入玻璃布并排出气泡（不要用力涂刷，以免玻璃布移动）。

②待树脂均匀浸透玻璃布后，铺放下一层玻璃布，并立即涂刷不饱和聚酯树脂，一般树脂含量约为 50%。重复上述操作直到铺层数达到要求。在手糊成型操作时要注意不同层间的玻璃布接缝要错开位置，每层之间都不应该有明显的气泡（即气泡直径不超过 1 mm）。手糊完毕后，可将一层塑料薄膜铺放在复合材料制品上并盖上一块玻璃平板，再用漆辊将其压实。

③手糊完毕后将复合材料制品放置一段时间以完成固化，待制品达到一定强度后才可脱模，这个强度既要保证脱模操作能够顺利进行，同时又要保证制品在脱模过程中其形状和使用强度不会受到影响。固化时间主要与温度有关，通常室温在 15～25 ℃时需放置 24 h 才可脱模；室温在 30 ℃以上时放置 10 h 方可脱模；室温低于 15 ℃时则需要加热升温固化后再脱模。

④复合材料制品脱模后，按设计尺寸要求去除超出多余部分，并进行美化装饰。

（4）自我质量评定。

观察复合材料制品表面是否光滑平整，是否有明显的气泡和分层，并确定制品尺寸是否符合设计要求。

2. 复合材料的光固化修补

（1）制备光固化复合材料补片。

按照设计要求用剪刀对玻璃布进行裁剪，并将其浸泡在由环氧丙烯酸酯、活性稀释剂、光引发剂等按比例配制成的光敏胶中 30 min，取出后用滚筒挤压去除表面胶液。按照 0° 的方式对布进行铺叠，厚度根据需要确定（通常在 4～7 层），达到合适厚度后，即得到光固化复合材料补片。

（2）光固化修补操作。

选取两块制作好的复合材料板作为基材并对修补面进行打磨处理，然后将光固化复合材料补片粘贴在修补面上，用光固化仪在距离补片 70～80 mm 处进行辐射固化，照射时间在 10～20 min。对修补后的复合材料制品进行拉伸性能测试，并与原始复合材料制品进行对比，对修补效果进行评价。

3. 复合材料的性能测试

（1）拉伸性能的测试，实验方法参照《纤维增强塑料性能试验方法总则》（GB/T 1446—2005）。

（2）冲击性能的测试，实验方法参照 GB/T 1451—2005。

7.7.5 思考题

（1）在手糊成型工艺中树脂凝胶时间过短或过长，对制品质量将产生如何影响？

（2）分析本实验手糊复合材料制品缺陷的形成原因及防治方法。

（3）复合材料光固化修补对材料有什么要求？如何评价光固化修补效果？

7.8 特种橡胶的硫化成型及其耐高温特性实验

7.8.1 实验目的

（1）了解航空航天常用的特种橡胶（硅橡胶、氟橡胶（FKM）、氟硅橡胶、三元乙丙橡胶）的品种及其物理力学性能特征。

（2）了解特种橡胶的硫化工艺。

（3）掌握氟橡胶 F275 的物理力学性能和硫化工艺。

（4）了解热氧环境对橡胶耐老化特性的影响。

7.8.2　实验原理

1. 特种橡胶的特性及其应用

氟橡胶是指主链或侧链上的 C 原子上接有电负性极强的 F 原子的一种合成弹性体（其组成和配比见表 7.3）。由于 C—F 键能大（485 kJ/mol），而且 F 原子共价半径为 0.064 nm，相当于 C—C 键长的一半，因此 F 原子可以把 C—C 主链很好地屏蔽起来，保证了 C—C 链的稳定性，使它具有其他橡胶不可比拟的优异性能。同时，由于分子中 F 原子的存在，增加了 C—C 键的能量，也提高了氟化碳原子与其他元素结合的键能。这就使得 FKM 具有很好的耐候性、耐油、耐化学药品性、良好的力学性能以及电绝缘性和抗辐射性等。

表 7.3　F275 胶料基本配方

原料名称	质量分数/%
氟 26～41 (*M*：20 万)	85
氟 26～41 (*M*：10 万)	15
MgO	12
$Ca(OH)_2$	3
喷雾炭黑	10
CaF_2	20
N,N′-二次肉桂基-1,6 己二胺(3#)	2.5

注：硫化条件：一段：（160±3）℃×20 min；二段：1 号条件。混炼工艺：胶料压合-MgO-炭黑-$Ca(OH)_2$、CaF_2-3 号硫化剂-薄通下片；吸酸剂：$Ca(OH)_2$；3 号硫化剂：N,N′-二次肉桂基-1,6 己二胺（3#）；补强填充剂：喷雾炭黑；无机填料：CaF_2。

特种橡胶在航空、航天和真空方面的应用如下。美国军事工业对提高材料耐热性和耐化学药品性的需求，促使开发了当今的 FKM。随着喷气式飞机的用，FKM 成为相应设备上的密封件，主要应用在发动机润滑油、燃油、脂类液压油接触的部件上。例如，在阿波罗登月计划中，胶管、氧气面罩、鞋底等一系列零部件均由 FKM

制作。FKM 具有优异的耐高温性。目前弹性体中 FKM 的耐高温性是最好的，可在 250 ℃环境下长期使用,短时间使用温度可达 300 ℃，FKM 使用的极限温度为 300 ℃。FKM 还具有很好的致密性，在真空（200～250 ℃）下，密封可靠、使用寿命长，还能保持很好的力学性能，因此，真空系统使用的真空密封件经常由 FKM 来完成。例如真空泵上的密封、真空阀门、在超高真空机组、光电子能谱仪、飞行时间质谱仪等设备仪器。

2. 氟橡胶的热稳定性和老化性质

氟橡胶具有优异的耐高温稳定性。航空用氟橡胶密封件热氧老化性能要求见表 7.4。

表 7.4　航空用氟橡胶密封件热氧老化性能要求

序号	项目	指标
1	硬度，邵尔 A，度	55～65
2	拉伸强度，MPa，不小于	6.2
3	扯断伸长率，%，不小于	175
4	撕裂强度，KN/m，不小于	11
5	压缩永久变形（压缩率 20%），（24±3）℃×70 h，%，不大于	15
6	热空气老化，（200±3）℃×（70±0.5）h	应无裂纹
	硬度变化	−5～+10
	拉伸强度变化率，%，不小于	−25
	扯断伸长变化率，%，不小于	−25
	质量损失，%，不大于	2
7	压缩永久变形（压缩率 20%），（175±3）℃×（70±0.5）h，%，不大于	40

7.8.3　实验材料及主要仪器

（1）实验材料：F275 氟橡胶混炼胶，防老剂、交联剂、增塑剂、补强填料等添加剂。

（2）主要仪器：开炼机、密炼机、硫化仪、热压机、冲压机。

7.8.4　实验内容

1. 设计配方

针对 F275 氟橡胶的老化性能选择合适的防老剂，通过正交设计方法设计防老剂变量，研究防老剂用量或种类对混炼胶老化性能的影响。

2. F275 橡胶的混炼、出片

将 F275 氟橡胶按照设计配方称量，并使用密炼机混炼，再通过双辊炼胶机下片，薄片厚度约 2 mm。

3. 试样硫化

通过硫化仪测定正硫化时间，并使用热压机对试样进行硫化，硫化出的试样如图 7.4 所示。

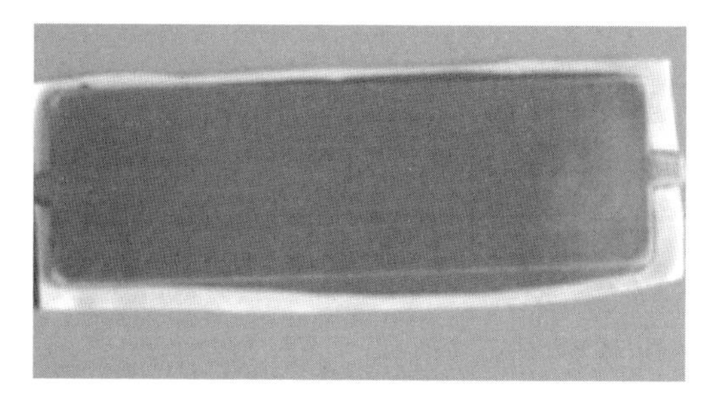

（a）正面

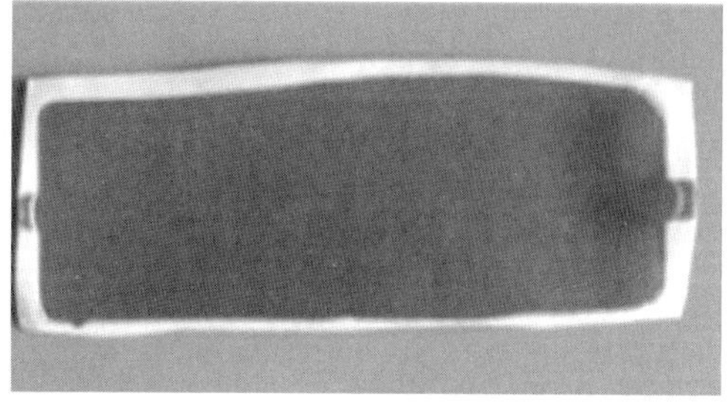

（b）反面

图 7.4　F275 试样正反面结构示意图

4. F275 橡胶的耐高温性能实验

将硫化好的试样裁成哑铃拉伸试样，裁刀尺寸见图 7.5 和表 7.5。将试样，放置于热老化箱，老化箱温度为 150 ℃，分别老化 1 h、2 h、3 h 后取出，并测试其拉伸性能变化。

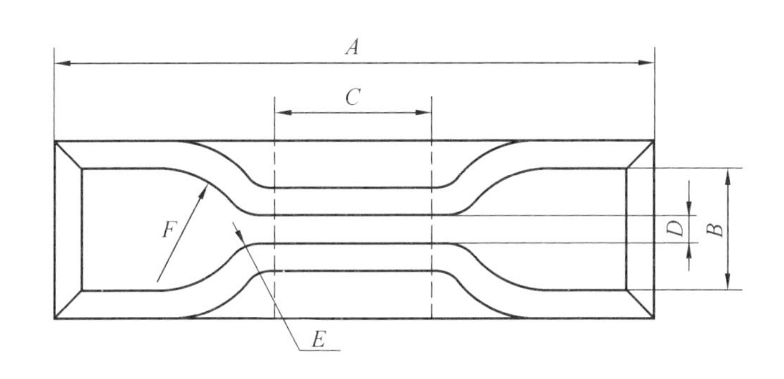

图 7.5　哑铃型裁刀示意图

表 7.5　哑铃型裁刀结构尺寸

尺寸	数值/mm
总长度 *A*	75
端部宽度 *B*	12.5
狭窄部分长度 *C*	25.0
狭窄部分宽度 *D*	4.0
外侧过渡半径 *E*	8.0
内侧过渡半径 *F*	12.5

7.8.5　思考题

（1）对比分析防老剂用量和时间对 F275 的耐老化特性的影响。

（2）分析橡胶老化机理和防老剂的原理。

（3）分析实验中的误差影响因素。

7.9　纳米颗粒增强聚乙烯醇水凝胶的制备及其自修复行为研究

7.9.1　实验目的

（1）了解水凝胶的应用以及凝胶方式。

（2）掌握聚乙烯醇水凝胶制备的基本原理和操作过程。

（3）熟悉纳米颗粒对水凝胶性能的增强作用。

（4）掌握水凝胶的交联方法和修复机理。

（5）熟练对力学性能和自修复性能进行必要的表征。

7.9.2　实验原理

水凝胶是含水量高达 50%～80%的软物质，具有卓越的物理性能和生物相容性，因此在许多领域得到广泛应用，例如隐形眼镜、药物输送以及作为皮肤、肌腱和软骨的替代品。水凝胶有多种分类方法，根据其网络键合的不同，可分为物理凝胶和化学凝胶。物理凝胶是通过如静电作用、氢键、链的缠绕等物理作用力形成的；化学凝胶是由化学键交联形成的三维网络凝胶，具有永久性。

自修复水凝胶有多种制备方法，绝大部分是基于动态化学键，动态化学键最主要的特征就是动态性和可能性。在水凝胶网络中引入动态化学键，当水凝胶遭到破坏，即能发生断裂-重组这一可逆反应以修复到原来的状态。由于整个修复过程是一个可逆的过程，因此基于动态化学键的自修复水凝胶能够多次修复。根据自修复机制的不同，自修复水凝胶又分为物理自修复和化学自修复水凝胶，通常利用氢键作用、疏水缔合作用、主客体识别作用、离子键作用、亚胺键、苯硼酸酯键、二硫键等作用进行自修复。

PVA 水溶液在常温下就可以通过溶液中的氢键形成水凝胶，但是这种凝胶的力学性能差，易变形。为了得到高强度且含水量较高的 PVA 水凝胶，可对其进行交联和纳米颗粒增强。交联方法可分为物理交联、辐射交联和化学交联。其中，化学交联是采用化学试剂使其交联形成水凝胶。

聚乙烯醇与硼砂反应机理图如图 7.6 所示。

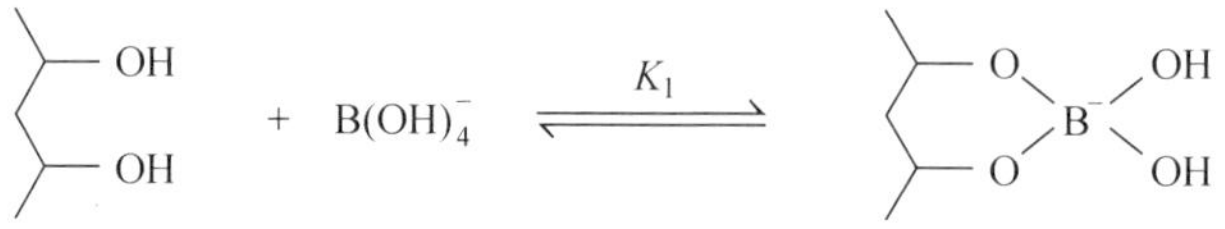

(a)

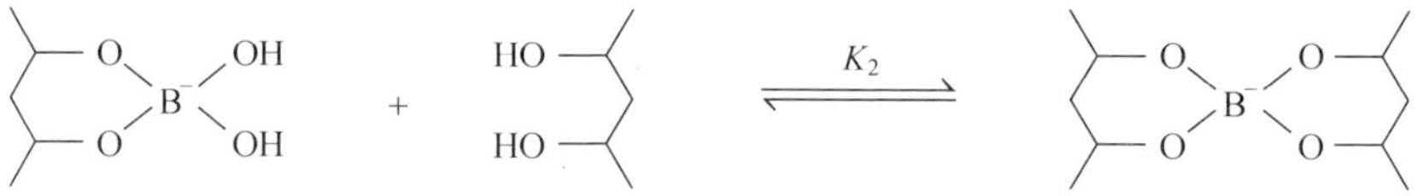

(b)

图 7.6　聚乙烯醇与硼砂反应机理图

十水合四硼酸钠溶于水反应：$Na_2B_4O_7 \cdot 10H_2O \longrightarrow 2H_2BO_3+2NaOH$。

本实验采用硼砂作为化学交联剂来交联 PVA。首先在 PVA 中引入羧基化多壁碳纳米管的纳米导电填料，通过加热搅拌使其均匀分散于 PVA 溶液中；再通过硼砂溶液进行交联得到可自修复柔性水凝胶。硼酸可与 PVA 的相邻羟基络合，二者之间存在着大量的动态共价键-动态硼酸酯键，动态共价键的快速断裂与复原赋予了凝胶自修复的能力。由于硼酸酯键的可逆性，水凝胶中的 PVA 链仍然可以移动。这将导致 PVA-硼酸酯水凝胶的机械性能较弱且稳定性有限，这严重限制了其进一步应用，对此引入羧基化的碳纳米管颗粒，使得羧基化碳纳米管-PVA 中亦能够构建动态可逆性氢键，使其在环境下具有优异的快速自愈能力和黏附性，此外由于羧基化碳纳米管的引入，该水凝胶还具备一定的导电性能。

7.9.3　实验材料及仪器

（1）原材料：十水合四硼酸钠、聚乙烯醇、羧基化多壁碳纳米管、去离子水等。

（2）实验工具：样条硅胶模具、圆底烧瓶、球形冷凝管、磁子、剪刀、玻璃棒、烧杯等。

（3）主要仪器：天平、油浴锅、鼓风干燥箱、万能电子拉力机。

7.9.4　实验内容

1. 样品制备

（1）含碳纳米管聚乙烯醇溶液的配制。

取一只干净的 250 mL 圆底烧瓶，向其中加入 3.5 g PVA、1.5 g 羧基化碳纳米管和 45 mL 去离子水，加入搅拌子；将其固定于油浴锅的铁架台上，同时安装球形冷凝管进行冷凝回流；在温度为 95 ℃的条件下，加热 3 h。得到含 3%（质量分数）碳纳米管的聚乙烯醇水溶液，待其冷却后密封，于室温条件下保存。

（2）硼砂溶液的配制。

取 250 mL 烧杯，向其中加入 1 g 硼砂、99 mL 去离子水，搅拌溶解，得到 1%（质量分数）的硼砂溶液。

（3）自修复水凝胶的制备。

将含碳纳米管的 PVA 溶液与硼砂溶液按体积比 2∶1 的比例取适量体积加入烧杯中搅拌均匀，搅拌过程中溶液黏度上升，迅速倒入样条硅胶模具中，后放入 70 ℃鼓风干燥箱加热 30 min，可制得自修复型的聚乙烯醇水凝胶。

2. 性能测试

（1）机械性能测试。水凝胶的力学性能用万能实验机进行测量。首先，将所制备的水凝胶样条从模具中取出。测试时，将试样夹在拉伸机上，拉伸速率为 100 mm/min。

（2）自修复实验。将水凝胶切成两半，然后将两个切开的水凝胶分别接触，在修复过程中不施加其他压力或外部刺激。自修复一定时间后，再次进行拉伸实验，观察其修复效果。

7.9.5　思考题

（1）简述该 PVA 水凝胶的交联方法和自修复机理？

（2）你认为本实验中影响水凝胶修复成功与否的关键因素有哪些？

（3）查阅相关文献资料，除了本实验中的水凝胶，你还接触过或了解哪些类型的水凝胶？

附录　有关国家标准号与名称

附录 1　实验要求

（1）实验室是培养学生理论联系实际、分析和解决问题能力、养成科学作风的重要场所，爱护实验室是科学道德的一部分。

（2）学生进入实验室后认真填写仪器使用登记表，自觉遵守实验室的各种规章制度，严禁在实验室内抽烟、饮食、打闹。

（3）实验前须认真阅读实验课教材和实验指导书，做到有准备，不预习者不得开始实验。

（4）学生在教师指导下严格按仪器操作规程进行实验，在规定时间内进行指定内容的实验，如实记录实验数据。

（5）实验中注意人身安全，一旦出现异常情况要及时向指导教师报告。

（6）实验中注意节约，不准将实验物品私自带出室外。

（7）必须听从指导教师安排，违反规定不听劝阻者，教师酌情批评，直至停止其实验。

附录 2　实验室安全守则

（1）在高分子材料实验室进行防火、防人身事故的教育是正常工作不可缺少的重要部分。

（2）有刺激性或有毒气体的实验，应在通风橱内进行。嗅闻气体时，应用手轻拂气体，把少量气体煽向自己再闻，不能将鼻孔直接对瓶口。含有易挥发和易燃物质的实验，必须远离火源，最好在通风橱内进行。易燃、易爆化学物质应远离明火及高温场地存放。

（3）高分子实验室使用的有机溶剂大多都易燃，如乙醚、石油醚、乙醇、甲醇、丙酮、四氢呋喃、乙酸乙酯等，在使用时应在通风环境好的情况下进行，不可用敞口容器放置或加热。

（4）对于加热、生成气体的反应，反应体系不能封闭。反应前，一定要检查玻璃仪器有无裂痕，搅拌子是否完好，装置是否正确稳妥。

（5）试剂标签上均标明其是否易燃易爆或者毒性和注意事项，在使用前，建议细看标签。对于醚类溶剂，如果生产时间较长，或者久置不用，一定不要振动，同时要加入还原剂，除掉生成的过氧化合物。蒸馏乙醚和四氢呋喃时，千万不要蒸干，否则浓集过氧化物，会受热爆炸。

（6）废试剂应倒入废液桶，酸、碱、氧化试剂和还原试剂等应分开放置，不能随便倒入水池。

（7）使用易燃或助燃气体时，如氢气、氧气等要在通风好的情况下进行，严禁明火，远离热源或者能产生火花的地方。

（8）所有药品必须贴有明显的标签，对分装的药品在容器标签上要注明名称、规格、浓度和日期。对字迹不清的标签要及时更换，过期失效和没有标签的药品不准使用，并要进行妥善处理，不可随便乱扔，以免引起严重后果。

（9）无机试剂、有机试剂、有机溶剂、活性物质及腐蚀性物质要分开存放，有机溶剂根据它们的组成和性质分类存放，如：醇类有机溶剂、芳烃类有机溶剂等。特殊试剂，如检测试剂、指示剂等，可以按用途归类存放。使用完毕后，及时放回原处。实验室不得大量存放易燃易爆试剂，如乙醚等。

（10）严禁在实验室及其周围环境吸烟及使用一切明火。禁止在实验室内喝水、吃东西，保持实验室整洁、安静，禁止打闹。

（11）实验室一旦发生火灾，切勿盲目自救，应及时呼喊通知实验室其他人，切断火源和电源，移开易燃易爆物品，并尽快使用沙土、灭火毯以及灭火器等进行灭火。

（12）实验过程必须穿专用的工作服，接触有毒有害药品时要佩戴防护手套，防止有毒害药品直接接触皮肤带来身体损伤。进出实验室要换外衣，以免有毒害药品带出实验室危害他人健康。

（13）认真、小心操作机械设备，防止机械碰伤和机件及模具损伤。

（14）实验完毕，应将各种仪器开关旋回初始位置。将实验台面整理干净，洗净双手，关闭水、电、气等阀门，教师检查合格者后再离开实验室。

附录 3　常用溶剂的沸点、溶解性和毒性

常用溶剂的沸点、溶解性和毒性见附表 3.1。

附表 3.1　常用溶剂的沸点、溶解性和毒性

溶剂名称	沸点/℃ （101.3 kPa）	溶解性	毒性
液氨	−33.35	特殊溶解性：能溶解碱金属和碱土金属	剧毒性、腐蚀性
液态二氧化硫	−10.08	溶解胺、醚、醇苯酚、有机酸、芳香烃、溴、二硫化碳，多数饱和烃不溶	剧毒
甲胺	−6.3	是多数有机物和无机物的优良溶剂，液态甲胺与水、醚、苯、丙酮、低级醇混溶，其盐酸盐易溶于水，不溶于醇、醚、酮、氯仿、乙酸乙酯	中等毒性，易燃
二甲胺	7.4	是有机物和无机物的优良溶剂，溶于水、低级醇、醚、低极性溶剂	强烈刺激性
石油醚	—	不溶于水，与丙酮、乙醚、乙酸乙酯、苯、氯仿及甲醇以上高级醇混溶	与低级烷相似
乙醚	34.6	微溶于水，易溶于盐酸，与醇、醚、石油醚、苯、氯仿等多数有机溶剂混溶	麻醉性
戊烷	36.1	与乙醇、乙醚等多数有机溶剂混溶	低毒性
二氯甲烷	39.75	与醇、醚、氯仿、苯、二硫化碳等有机溶剂混溶	低毒，麻醉性强
二硫化碳	46.23	微溶于水，与多种有机溶剂混溶	麻醉性，强刺激性

续附表 3.1

溶剂名称	沸点/℃ (101.3 kPa)	溶解性	毒性
溶剂石油脑	—	与乙醇、丙酮、戊醇混溶	较其他石油系溶剂大
丙酮	56.12	与水、醇、醚、烃混溶	低毒，与乙醇类似，但较大
1,1-二氯乙烷	57.28	与醇、醚等大多数有机溶剂混溶	低毒、局部刺激性
氯仿	61.15	与乙醇、乙醚、石油醚、卤代烃、四氯化碳、二硫化碳等混溶	中等毒性，强麻醉性
甲醇	64.5	与水、乙醚、醇、酯、卤代烃、苯、酮混溶	中等毒性，麻醉性
四氢呋喃	66	优良溶剂，与水混溶，很好地溶解乙醇、乙醚、脂肪烃、芳香烃、氯化烃	吸入微毒，经口低毒
己烷	68.7	甲醇部分溶解，与比乙醇高的醇、醚丙酮、氯仿混溶	低毒，麻醉性，刺激性
三氟代乙酸	71.78	与水、乙醇、乙醚、丙酮、苯、四氯化碳、己烷混溶，溶解多种脂肪族、芳香族化合物	—
1,1,1-三氯乙烷	74.0	与丙酮、甲醇、乙醚、苯、四氯化碳等有机溶剂混溶	低毒类溶剂
四氯化碳	76.75	与醇、醚、石油醚、石油脑、冰醋酸、二硫化碳、氯代烃混溶	在所有的氯代甲烷中毒性最强
乙酸乙酯	77.112	与醇、醚、氯仿、丙酮、苯等大多数有机溶剂溶解，能溶解某些金属盐	低毒，麻醉性
乙醇	78.3	与水、乙醚、氯仿、酯、烃类衍生物等有机溶剂混溶	微毒类，麻醉性
丁酮	79.64	与丙酮相似，与醇、醚、苯等大多数有机溶剂混溶	低毒，毒性强于丙酮
苯	80.10	难溶于水，与甘油、乙二醇、乙醇、氯仿、乙醚、四氯化碳、二硫化碳、丙酮、甲苯、二甲苯、冰醋酸、脂肪烃等大多有机物混溶	强烈毒性
环己烷	80.72	与乙醇、高级醇、醚、丙酮、烃、氯代烃、高级脂肪酸、胺类混溶	低毒，中枢抑制作用

续附表 3.1

溶剂名称	沸点/℃（101.3 kPa）	溶解性	毒性
乙腈	81.60	与水、甲醇、乙酸甲酯、乙酸乙酯、丙酮、醚、氯仿、四氯化碳、氯乙烯及各种不饱和烃混溶，但是不与饱和烃混溶	中等毒性，大量吸入蒸气，引起急性中毒
异丙醇	82.40	与乙醇、乙醚、氯仿、水混溶	微毒，类似乙醇
1,2-二氯乙烷	83.48	与乙醇、乙醚、氯仿、四氯化碳等多种有机溶剂混溶	高毒性、致癌
乙二醇二甲醚	85.2	溶于水，与醇、醚、酮、酯、烃、氯代烃等多种有机溶剂混溶。能溶解各种树脂，还是二氧化硫、氯代甲烷、乙烯等气体的优良溶剂	低毒性
三氯乙烯	87.19	不溶于水，与乙醇、乙醚、丙酮、苯、乙酸乙酯、脂肪族氯代烃、汽油混溶	有机有毒品
三乙胺	89.6	水:18.7℃以下混溶，18.7℃以上微溶。易溶于氯仿、丙酮，溶于乙醇、乙醚	易爆，皮肤黏膜刺激性强
丙腈	97.35	溶解醇、醚、DMF、乙二胺等有机物，与多种金属盐形成加成有机物	高度性，与氢氰酸相似
庚烷	98.4	与己烷类似	低毒，刺激性、麻醉性
水	100	—	—
硝基甲烷	101.2	与醇、醚、四氯化碳、DMF 等混溶	麻醉性，刺激性
1,4-二氧六环	101.32	能与水及多数有机溶剂混溶，溶解能力很强	微毒，强于乙醚 2～3 倍
甲苯	110.63	不溶于水，与甲醇、乙醇、氯仿、丙酮、乙醚、冰醋酸、苯等有机溶剂混溶	低毒性，麻醉作用
硝基乙烷	114.0	与醇、醚、氯仿混溶，溶解多种树脂和纤维素衍生物	局部刺激性较强
吡啶	115.3	与水、醇、醚、石油醚、苯、油类混溶。能溶于多种有机物和无机物	低毒，皮肤黏膜刺激性
4-甲基-2-戊酮	115.9	能与乙醇、乙醚、苯等大多数有机溶剂和动植物油相混溶	毒性和局部刺激性较强

续附表 3.1

溶剂名称	沸点/℃（101.3 kPa）	溶解性	毒性
乙二胺	117.26	溶于水、乙醇、苯和乙醚，微溶于庚烷	刺激皮肤、眼睛
丁醇	117.7	与醇、醚、苯混溶	低毒，大于乙醇 3 倍
乙酸	118.1	与水、乙醇、乙醚、四氯化碳混溶，不溶于二硫化碳及 C_{12} 以上高级脂肪烃	低毒，浓溶液毒性强
乙二醇一甲醚	124.6	与水、醛、醚、苯、乙二醇、丙酮、四氯化碳、DMF 等混溶	低毒类
辛烷	125.67	几乎不溶于水，微溶于乙醇，与醚、丙酮、石油醚、苯、氯仿、汽油混溶	低毒性，麻醉性
乙酸丁酯	126.11	能与乙醇、乙醚和一般有机溶剂相混溶，溶于烃类	一般条件毒性不大
吗啉	128.94	溶解能力强，超过二氧六环、苯、吡啶，与水混溶，溶解丙酮、苯、乙醚、甲醇、乙醇、乙二醇、2-己酮、蓖麻油、松节油、松脂等	腐蚀皮肤，刺激眼和结膜，蒸气引起肝肾病变
氯苯	131.69	能与醇、醚、脂肪烃、芳香烃和有机氯化物等多种有机溶剂混溶	毒性低于苯，损害中枢系统
乙二醇一乙醚	135.6	与乙二醇一甲醚相似，但是极性小，与水、醇、醚、四氯化碳、丙酮混溶	低毒类，二级易燃液体
对二甲苯	138.35	不溶于水，与醇、醚和其他有机溶剂混溶	一级易燃液体
二甲苯	138.5～141.5	不溶于水，与乙醇、乙醚、苯、烃等有机溶剂混溶，乙二醇、甲醇、2-氯乙醇等极性溶剂部分溶解	一级易燃液体，低毒类
间二甲苯	139.10	不溶于水，与醇、醚、氯仿混溶，室温下溶解乙腈、DMF 等	一级易燃液体
醋酸酐	140.0	溶于乙醇、乙醚、苯	低毒类，对皮肤、眼睛、呼吸道黏膜都有伤害，有催泪作用
邻二甲苯	144.41	不溶于水，与乙醇、乙醚、氯仿等混溶	一级易燃液体
N，N-二甲基甲酰胺	153.0	与水、醇、醚、酮、不饱和烃、芳香烃等混溶，溶解能力强	低毒

续附表 3.1

溶剂名称	沸点/℃（101.3 kPa）	溶解性	毒性
环己酮	155.65	与甲醇、乙醇、苯、丙酮、己烷、乙醚、硝基苯、石油脑、二甲苯、乙二醇、乙酸异戊酯、二乙胺及其他多种有机溶剂混溶	低毒类，有麻醉性，中毒概率比较小
环己醇	161	与醇、醚、二硫化碳、丙酮、氯仿、苯、脂肪烃、芳香烃、卤代烃混溶	低毒，无血液毒性，刺激性
N,N-二甲基乙酰胺	166.1	溶解不饱和脂肪烃，与水、醚、酯、酮、芳香族化合物混溶	微毒类
糠醛	161.8	与醇、醚、氯仿、丙酮、苯等混溶，部分溶解低沸点脂肪烃，无机物一般不溶	有毒类，刺激眼睛，催泪
N-甲基甲酰胺	180～185	与苯混溶，溶于水和醇，不溶于醚	一级易燃液体
苯酚（石炭酸）	181.2	溶于乙醇、乙醚、乙酸、甘油、氯仿、二硫化碳和苯等，难溶于烃类溶剂，65.3 ℃以上与水混溶，65.3 ℃以下分层	高毒类，对皮肤、黏膜有强烈腐蚀性，可经皮肤吸收中毒
1,2-丙二醇	187.3	与水、乙醇、乙醚、氯仿、丙酮等多种有机溶剂混溶	低毒，吸湿，不宜静注
二甲亚砜	189.0	与水、甲醇、乙醇、乙二醇、甘油、乙醛、丙酮乙酸乙酯吡啶、芳烃混溶	微毒，对眼有刺激性
邻甲酚	190.95	微溶于水，能与乙醇、乙醚、苯、氯仿、乙二醇、甘油等混溶	参照甲酚
N,N-二甲基苯胺	193	微溶于水，能随水蒸气挥发，与醇、醚、氯仿、苯等混溶，能溶解多种有机物	抑制中枢和循环系统，经皮肤吸收中毒
乙二醇	197.85	与水、乙醇、丙酮、乙酸、甘油、吡啶混溶，与氯仿、乙醚、苯、二硫化碳等难溶，对烃类、卤代烃不溶，溶解食盐、氯化锌等无机物	低毒类，可经皮肤吸收中毒
对甲酚	201.88	参照甲酚	参照甲酚
N-甲基吡咯烷酮	202	与水混溶，除低级脂肪烃外可以溶解大多无机、有机物、极性气体、高分子化合物	毒性低，不可内服

续附表 3.1

溶剂名称	沸点/℃（101.3 kPa）	溶解性	毒性
间甲酚	202.7	参照甲酚	与甲酚相似，参照甲酚
苄醇	205.45	与乙醇、乙醚、氯仿混溶，20 ℃在水中溶解 3.8%	低毒，黏膜刺激性
甲酚	210	微溶于水，能与乙醇、乙醚、苯、氯仿、乙二醇、甘油等混溶	低毒类，腐蚀性，与苯酚相似
甲酰胺	210.5	与水、醇、乙二醇、丙酮、乙酸、二氧六环、甘油、苯酚混溶，几乎不溶于脂肪烃、芳香烃、醚、卤代烃、氯苯、硝基苯等	对皮肤、黏膜刺激性，经皮肤吸收
硝基苯	210.9	几乎不溶于水，与醇、醚、苯等有机物混溶，对有机物溶解能力强	剧毒，可经皮肤吸收
乙酰胺	221.15	溶于水、醇、吡啶、氯仿、甘油、热苯、丁酮、丁醇、苄醇，微溶于乙醚	毒性较低
六甲基磷酸三酰胺	233	与水混溶，与氯仿络合，溶于醇、醚、酯、苯、酮、烃、卤代烃等	较大毒性
喹啉	237.10	溶于热水、稀酸、乙醇、乙醚、丙酮、苯、氯仿、二硫化碳等	中等毒性，刺激皮肤和眼
乙二醇碳酸酯	238	与热水、醇、苯、醚、乙酸乙酯、乙酸混溶，在干燥醚、四氯化碳、石油醚、CCl_4中不溶	低毒性
二甘醇	244.8	与水、乙醇、乙二醇、丙酮、氯仿、糠醛混溶，与乙醚、四氯化碳等不混溶	微毒，经皮肤吸收，刺激性小
丁二腈	267	溶于水，易溶于乙醇和乙醚，微溶于二硫化碳、己烷	中等毒性
环丁砜	287.3	几乎能与所有有机溶剂混溶，除脂肪烃外能溶解大多数有机物	低毒
甘油	290.0	与水、乙醇混溶，不溶于乙醚、氯仿、二硫化碳、苯、四氯化碳、石油醚	食用对人体无毒

附录 4 常见高分子及其英文缩写

常见高分子及其英文缩写见附表 4.1。

附表 4.1 常见高分子及其英文缩写

英文简称	英文全称	中文全称
ABA	Acrylonitrile-butadiene-acrylate	丙烯腈/丁二烯/丙烯酸酯共聚物
ABS	Acrylonitrile-butadiene-styrene	丙烯腈/丁二烯/苯乙烯共聚物
AES	Acrylonitrile-ethylene-styrene	丙烯腈/乙烯/苯乙烯共聚物
AMMA	Acrylonitrile/methyl Methacrylate	丙烯腈/甲基丙烯酸甲酯共聚物
ARP	Aromatic polyester	聚芳香酯
AS	Acrylonitrile-styrene resin	丙烯腈-苯乙烯树脂
ASA	Acrylonitrile-styrene-acrylate	丙烯腈/苯乙烯/丙烯酸酯共聚物
CA	Cellulose acetate	醋酸纤维塑料
CAB	Cellulose acetate butyrate	醋酸-丁酸纤维素塑料
CAP	Cellulose acetate propionate	醋酸-丙酸纤维素
CE	Cellulose plastics, general	通用纤维素塑料
CF	Cresol-formaldehyde	甲酚-甲醛树脂
CMC	Carboxymethyl cellulose	羧甲基纤维素
CN	Cellulose nitrate	硝酸纤维素
CP	Cellulose propionate	丙酸纤维素
CPE	Chlorinated polyethylene	氯化聚乙烯
CPVC	Chlorinated poly(vinyl chloride)	氯化聚氯乙烯
CS	Casein	酪蛋白
CTA	Cellulose triacetate	三醋酸纤维素
EC	Ethyl cellulose	乙烷纤维素
EEA	Ethylene/ethyl acrylate	乙烯/丙烯酸乙酯共聚物
EMA	Ethylene/methacrylic acid	乙烯/甲基丙烯酸共聚物

续附表 4.1

英文简称	英文全称	中文全称
EP	Epoxy, epoxide	环氧树脂
EPD	Ethylene-propylene-diene	乙烯-丙烯-二烯三元共聚物
EPM	Ethylene-propylene polymer	乙烯-丙烯共聚物
EPS	Expanded polystyrene	发泡聚苯乙烯
ETFE	Ethylene-tetrafluoroethylene	乙烯-四氟乙烯共聚物
EVA	Ethylene/vinyl acetate	乙烯-醋酸乙烯共聚物
EVAL	Ethylene-vinyl alcohol	乙烯-乙烯醇共聚物
FEP	Perfluoro(ethylene-propylene)	全氟（乙烯-丙烯）塑料
FF	Furan formaldehyde	呋喃甲醛
HDPE	High-density polyethylene plastics	高密度聚乙烯塑料
HIPS	High impact polystyrene	高冲聚苯乙烯
IPS	Impact-resistant polystyrene	耐冲击聚苯乙烯
LCP	Liquid crystal polymer	液晶聚合物
LDPE	Low-density polyethylene plastics	低密度聚乙烯塑料
LLDPE	Linear low-density polyethylene	线性低密聚乙烯
LMDPE	Linear medium-density polyethylene	线性中密聚乙烯
MBS	Methacrylate-butadiene-styrene	甲基丙烯酸-丁二烯-苯乙烯共聚物
MC	Methyl cellulose	甲基纤维素
MDPE	Medium-density polyethylene	中密聚乙烯
MF	Melamine-formaldehyde resin	密胺-甲醛树脂
MPF	Melamine/phenol-formaldehyde	密胺/酚醛树脂
PA	Polyamide (nylon)	聚酰胺（尼龙）
PAA	Poly(acrylic acid)	聚丙烯酸
PADC	Poly(allyl diglycol carbonate)	碳酸-二乙二醇酯-烯丙醇酯树脂
PAE	Polyarylether	聚芳醚
PAEK	Polyaryletherketone	聚芳醚酮

续附表 4.1

英文简称	英文全称	中文全称
PAI	Polyamide-imide	聚酰胺-酰亚胺
PAK	Polyester alkyd	聚酯树脂
PAN	Polyacrylonitrile	聚丙烯腈
PARA	Polyaryl amide	聚芳酰胺
PASU	Polyarylsulfone	聚芳砜
PAT	Polyarylate	聚芳酯
PAUR	Poly(ester urethane)	聚酯型聚氨酯
PB	Polybutene-1	聚丁烯-1
PBA	Poly(butyl acrylate)	聚丙烯酸丁酯
PBAN	Polybutadiene-acrylonitrile	聚丁二烯-丙烯腈
PBS	Polybutadiene-styrene	聚丁二烯-苯乙烯
PBT	Poly(butylene terephthalate)	聚对苯二酸丁二酯
PC	Polycarbonate	聚碳酸酯
PCTFE	Polychlorotrifluoroethylene	聚氯三氟乙烯
PDAP	Poly(diallyl phthalate)	聚对苯二甲酸二烯丙酯
PE	Polyethylene	聚乙烯
PEBA	Polyether block amide	聚醚嵌段酰胺
PEBA	Thermoplastic elastomer polyether	聚酯热塑弹性体
PEEK	Polyetheretherketone	聚醚醚酮
PEI	Poly(etherimide)	聚醚酰亚胺
PEK	Polyether ketone	聚醚酮
PEO	Poly(ethylene oxide)	聚环氧乙烷
PES	Poly(ether sulfone)	聚醚砜
PET	Poly(ethylene terephthalate)	聚对苯二甲酸乙二酯
PETG	Poly(ethylene terephthalate) glycol	二醇类改性 PET
PEUR	Poly(ether urethane)	聚醚型聚氨酯

续附表 4.1

英文简称	英文全称	中文全称
PF	Phenol-formaldehyde resin	酚醛树脂
PFA	Perfluoro(alkoxy alkane)	全氟烷氧基树脂
PFF	Phenol-furfural resin	酚呋喃树脂
PI	Polyimide	聚酰亚胺
PIB	Polyisobutylene	聚异丁烯
PISU	Polyimidesulfone	聚酰亚胺砜
PMCA	Poly(methyl-alpha-chloroacrylate)	聚 α-氯代丙烯酸甲酯
PMMA	Poly(methyl methacrylate)	聚甲基丙烯酸甲酯
PMP	Poly(4-methylpentene-1)	聚 4-甲基戊烯-1
PMS	Poly(alpha-methylstyrene)	聚 α-甲基苯乙烯
POM	Polyoxymethylene, polyacetal	聚甲醛
PP	Polypropylene	聚丙烯
PPA	Polyphthalamide	聚邻苯二甲酰胺
PPE	Poly(phenylene ether)	聚苯醚
PPO	Poly(phenylene oxide) deprecated	聚苯醚
PPOX	Poly(propylene oxide)	聚环氧（丙）烷
PPS	Poly(phenylene sulfide)	聚苯硫醚
PPSU	Poly(phenylene sulfone)	聚苯砜
PS	Polystyrene	聚苯乙烯
PSU	Polysulfone	聚砜
PTFE	Polytetrafluoroethylene	聚四氟乙烯
PUR	Polyurethane	聚氨酯
PVAC	Poly(vinyl acetate)	聚醋酸乙烯
PVAL	Poly(vinyl alcohol)	聚乙烯醇
PVB	Poly(vinyl butyral)	聚乙烯醇缩丁醛
PVC	Poly(vinyl chloride)	聚氯乙烯

续附表 4.1

英文简称	英文全称	中文全称
PVCA	Poly(vinyl chloride-acetate)	聚氯乙烯醋酸乙烯酯
PVCC	Chlorinated poly(vinyl chloride)(*CPVC)	氯化聚氯乙烯
PVI	Poly(vinyl isobutyl ether)	聚(乙烯基异丁基醚)
PVM	Poly(vinyl chloride vinyl methyl ether)	聚(氯乙烯-甲基乙烯基醚)
RAM	Restricted area molding	窄面模塑
RF	Resorcinol-formaldehyde resin	甲苯二酚-甲醛树脂
RIM	Reaction injection molding	反应注射模塑
RP	Reinforced plastics	增强塑料
RRIM	Reinforced reaction injection molding	增强反应注射模塑
RTP	Reinforced thermoplastics	增强热塑性塑料
S/AN	Styrene-acryonitrile copolymer	苯乙烯-丙烯腈共聚物
SBS	Styrene-butadiene block copolymer	苯乙烯-丁二烯嵌段共聚物
SI	Silicone	聚硅氧烷
SMC	Sheet molding compound	片状模塑料
S/MS	Styrene-α-methylstyrene copolymer	苯乙烯-α-甲基苯乙烯共聚物
TMC	Thick molding compound	厚片模塑料
TPE	Thermoplastic elastomer	热塑性弹性体
TPS	Toughened polystyrene	韧性聚苯乙烯
TPU	Thermoplastic urethanes	热塑性聚氨酯
TPX	Ploymethylpentene	聚-4-甲基-1 戊烯
VG/E	Vinylchloride-ethylene copolymer	聚乙烯-乙烯共聚物
VC/E/MA	Vinylchloride-ethylene-methylacrylate copolymer	聚乙烯-乙烯-丙烯酸甲酯共聚物
VC/E/VCA	Vinylchloride-ethylene-vinylacetate copolymer	氯乙烯-乙烯-醋酸乙烯酯共聚物
PVDC	Poly(vinylidene chloride)	聚（偏二氯乙烯）
PVDF	Poly(vinylidene fluoride)	聚（偏二氟乙烯）
PVF	Poly(vinyl fluoride)	聚氟乙烯

续附表 4.1

英文简称	英文全称	中文全称
PVFM	Poly(vinyl formal)	聚乙烯醇缩甲醛
PVK	Polyvinylcarbazole	聚乙烯咔唑
PVP	Polyvinylpyrrolidone	聚乙烯吡咯烷酮
S/MA	Styrene-maleic anhydride plastic	苯乙烯-马来酐塑料
SAN	Styrene-acrylonitrile plastic	苯乙烯-丙烯腈塑料
SB	Styrene-butadiene plastic	苯乙烯-丁二烯塑料
Si	Silicone plastics	有机硅塑料
SMS	Styrene/alpha-methylstyrene plastic	苯乙烯-α-甲基苯乙烯塑料
SP	Saturated polyester plastic	饱和聚酯塑料
SRP	Styrene-rubber plastics	聚苯乙烯橡胶改性塑料
TEEE	Thermoplastic Elastomer,Ether-Ester	醚酯型热塑弹性体
TEO	Thermoplastic Elastomer, Olefinic	聚烯烃热塑弹性体
TES	Thermoplastic Elastomer, Styrenic	苯乙烯热塑性弹性体
TPEL	Thermoplastic elastomer	热塑(性)弹性体
TPES	Thermoplastic polyester	热塑性聚酯
TPUR	Thermoplastic polyurethane	热塑性聚氨酯
TSUR	Thermoset polyurethane	热固聚氨酯
UF	Urea-formaldehyde resin	脲甲醛树脂
UHMWPE	Ultra-high molecular weight PE	超高分子量聚乙烯
UP	Unsaturated polyester	不饱和聚酯
VCE	Vinyl chloride-ethylene resin	氯乙烯/乙烯树脂
VCEV	Vinyl chloride-ethylene-vinyl	氯乙烯/乙烯/醋酸乙烯共聚物
VCMA	Vinyl chloride-methyl acrylate	氯乙烯/丙烯酸甲酯共聚物
VCMMA	Vinyl chloride-methylmethacrylate	氯乙烯/甲基丙烯酸甲酯共聚物
VCOA	Vinyl chloride-octyl acrylate resin	氯乙烯/丙烯酸辛酯树脂
VCVAC	Vinyl chloride-vinyl acetate resin	氯乙烯/醋酸乙烯树脂
VCVDC	Vinyl chloride-vinylidene chloride	氯乙烯/偏氯乙烯共聚物

附录 5 常见聚合物及溶剂溶度参数

常见聚合物参数见附表 5.1。

附表 5.1 常见聚合物参数

聚合物	溶度参数δ/（$J·cm^{-3}$）$^{1/2}$	聚合物	溶度参数δ/（$J·cm^{-3}$）$^{1/2}$
聚乙烯	16.4	聚氯二丁烯	16.8～18.8
聚丁二烯	17.2	聚氯乙烯	20
聚丙烯	19	乙丙橡胶	16.2
聚氨酯	20.5	聚偏氯乙烯	20.3～20.5
聚异丁烯	17	丁二烯-苯乙烯共聚物	16.6～17.6
聚异戊二烯	17.4	聚四氟乙烯	12.7
聚苯乙烯	18.5	丁二烯-丙烯酯共聚物	18.9～20.3
聚三氟氯乙烯	14.7～16.2	氯乙烯-醋酸乙烯酯共聚物	21.7
聚乙烯	26	聚甲醛	20.9
聚醋酸乙烯酯	21.7	聚氧化丙烯	15.3～20.3
聚甲基丙烯酸甲酯	18.6	聚氧化丁烯	17.6
聚甲基丙烯酸乙酯	18.3	聚 2, 6-二甲基亚苯基氧	19
聚丙烯酸甲酯	20.7	聚对苯二甲酸乙二醇酯	21.9
聚丙烯酸乙酯	19.2	尼龙-6	22.5
聚丙烯酸丁酯	18.5	尼龙-66	27.8
聚丙烯腈	26	聚碳酸酯	20.3
聚甲基丙烯酸	21.9	聚砜	20.3
乙基纤维素	21.1	聚二甲基硅氧烷	14.9
环氧树脂	19.9～22.3	聚硫橡胶	18.4～19

常见溶剂溶度参数见附表 5.2。

附表 5.2 常见溶剂溶度参数

溶剂	溶度参数/（$Cal \cdot cm^{-3}$）$^{1/2}$	溶剂	溶度参数/（$Cal \cdot cm^{-3}$）$^{1/2}$
季戊烷	6.3	四氢萘	9.5
异丁烯	6.7	四氢呋喃	9.5
环己烷	7.2	正己烷	7.3
卡必醇	9.6	正庚烷	7.4
二乙醚	7.4	氯甲烷	9.7
正辛烷	7.6	二氯甲烷	9.7
甲基环己烷	7.8	丙酮	9.8
异丁酸乙酯	7.91	2-二氯乙烷	9.8
二异丙基甲酮	8.0	环己酮	9.9
戊基醋酸甲酯	8.0	乙二醇单乙醚	9.9
松节油	8.1	二氧六环	9.9
环己烷	8.2	二硫化碳	10.0
2, 2-二氯丙烷	8.2	正辛醇	10.3
醋酸异丁酯	8.3	醋酸戊酯	8.3
醋酸异戊酯	8.3	丁腈	10.5
正己醇	10.7	醋酸丁酯	8.5
醋酸甲酯	9.6	二戊烯	8.5
异丁醇	10.8	醋酸戊酯	8.5
吡啶	10.9	二甲基乙酰胺	11.1
环己醇	11.4	甲基异丙基甲酮	8.5
硝基乙烷	11.1	四氯化碳	8.6
正丁醇	11.4	哌啶	8.7
异丙醇	11.5	二甲苯	8.8
正丙醇	11.9	二甲醚	8.8
二甲基甲酰胺	12.1	乙酸	12.6

续附表 5.2

溶剂	溶度参数/（$Cal\cdot cm^{-3}$）$^{1/2}$	溶剂	溶度参数/（$Cal\cdot cm^{-3}$）$^{1/2}$
硝基甲烷	12.7	甲苯	8.9
二甲亚砜	12.9	乙二醇单丁醚	8.9
乙醇	12.9	1，2-二氯丙烷	9.0
甲酚	13.3	异丙叉丙酮	9.0
甲酸	13.5	醋酸乙酯	9.1
甲醇	14.5	二丙酮醇	9.2
苯	9.2	苯酚	14.5
甲乙酮	9.2	乙二醇	16.3
氯仿	9.3	甘油	16.5
三氯乙烯	9.3	水	23.4
氯苯	9.5		

附录 6　常见高聚物的熔点与玻璃化转变温度

常见高聚物的熔点与玻璃化转变温度见附表 6.1。

附表 6.1　常见高聚物的熔点与玻璃化转变温度

聚合物	熔点 T_m/℃	玻璃化转变温度 T_g/℃
聚甲醛	182.5	-30.0
聚乙烯	140.0/95.0	-125.0/-20.0
聚乙烯基甲醚	150.0	-13.0
聚乙烯基乙醚	-115	-42.0
乙烯丙烯共聚物，乙丙橡胶	—	-60.0
聚乙烯基咔唑	130～132	200.0
聚乙烯醇	258.0	99.0

续附表 6.1

聚合物	熔点 T_m/℃	玻璃化转变温度 T_g/℃
聚醋酸乙烯酯	60	30.0
聚氟乙烯	200.0	—
聚四氟乙烯(Teflon)	327.0	130.0
聚偏二氟乙烯	171.0	39.0
偏二氟乙烯与六氟丙烯共聚物	—	-55.0
聚氯乙烯(PVC)	—	78.0～81.0
聚偏二氯乙烯	210.0	-18.0
聚丙烯	183.0/130.0	26.0/-35.0
聚丙烯酸	—	106.0
聚甲基丙烯酸甲酯，有机玻璃	160.0	105.0
聚丙烯酸乙酯	—	-22.0
聚（α-腈基丙烯酸丁酯）	—	85.0
聚丙烯酰胺	—	165.0
聚丙烯腈	317.0	85.0
聚异丁烯基橡胶	1.5	-70.0
聚氯代丁二烯，氯丁橡胶	43.0	-45.0
聚顺式-1,4-异戊二烯，天然橡胶	36.0	-70.0
聚反式-1,4-异戊二烯，古塔橡胶	74.0	-68.0
苯乙烯和丁二烯共聚物，丁苯橡胶	—	-56.0
聚己内酰胺，尼龙-6	223.0	—
聚亚癸基甲酰胺，尼龙-11	198.0	46.0
聚己二酰己二胺，尼龙-66	267.0	45.0
聚癸二酰己二胺，尼龙-610	165.0	50.0
聚亚壬基脲	236.0	—
聚间苯二甲酰间苯二胺	390.0	—
聚对苯二甲酸乙二酯	270.0	69.0

续附表 6.1

聚合物	熔点 T_m/℃	玻璃化转变温度 T_g/℃
聚碳酸酯	267.0	150.0
聚环氧乙烷	66.2	−67.0
聚 2,6-二甲基对苯醚	338.0	—
聚苯硫醚	288.0	85.0
聚[双（甲基胺基）膦腈]	—	14.0
聚[双（三氟代乙氧基）膦腈]	242.0	−66.0
聚二甲基硅氧烷，硅橡胶	−29.0	−123.0
赛璐珞纤维素	>270.0	—
聚二苯醚砜	230.0	—

附录 7　常用引发剂的精制

1. 过氧化苯甲酰（BPO）的精制

过氧化苯甲酰的提纯常采用重结晶法。通常以氯仿为溶剂，以甲醇为沉淀剂进行精制。过氧化苯甲酰只能在室温下溶于氯仿中，不能加热，因为容易引起爆炸。

其纯化步骤为：在 1 000 mL 烧杯中加入 50 g 过氧化苯甲酰和 200 mL 氯仿，不断搅拌使之溶解、过滤，其滤液直接滴入 500 mL 甲醇中，将会出现白色的针状结晶（即 BPO）。然后，将带有白色针状结晶的甲醇再过滤，再用冰冷的甲醇洗净抽干，待甲醇挥发后，称重。根据得到的质量，按以上比例加入氯仿，使其溶解，加入甲醇，使其沉淀，这样反复再结晶两次后，将沉淀（BPO）置于真空干燥箱中干燥（不能加热，因为容易引起爆炸），称重。熔点为 170 ℃（分解）。产品放在棕色瓶中，保存于干燥器中。20 ℃时过氧化苯甲酰的溶解度见附表 7.1。

表 7.1　20 ℃时过氧化苯甲酰的溶解度

溶剂	石油醚	甲醇	乙醇	甲苯	丙酮	苯	氯仿
溶解度 /[g·(100 g)$^{-1}$]	0.5	1.0	1.5	11.0	14.6	16.4	31.6

2. 偶氮二异丁腈（ABIN）的精制

偶氮二异丁腈是广泛应用的引发剂，作为它的提纯溶剂主要是低级醇，尤其是乙醇。也有用乙醇拟水混合物、甲醇、乙醚、甲苯、石油醚等作为溶剂进行精制的报道。它的分析方法是测定生成的氮气，其熔点为 102～130 ℃（分解）。

ABIN 的精制步骤如下：

在装有回流冷凝管的 150 mL 锥形瓶中，加入 50 mL、95%的乙醇，于水浴上加热至接近沸腾，迅速加入 5 g 偶氮二异丁腈，摇荡，使其全部溶解（煮沸时间长，分解严重）。热溶液迅速抽滤（过滤所用漏斗及吸滤瓶必须预热）。滤液冷却后得白色结晶，用布氏漏斗过滤后，结晶置于真空干燥箱中干燥，称重。其熔点为 102 ℃（分解），熔点的测定请参阅有机化学实验。

3. 过硫酸钾和过硫酸铵的精制

在过硫酸盐中主要杂质是硫酸氢钾（或硫酸氢铵）和硫酸钾（或硫酸铵），可用少量水反复结晶进行精制。将过硫酸盐在 40 ℃水中溶解并过滤，滤液用冰水冷却，过滤出结晶，并以冰冷的水洗涤，用 $BaCl_2$ 溶液检验滤液无 SO_4^{2-} 为止，将白色柱状及板状结晶置于真空干燥箱中干燥，在纯净干燥状态下，过硫酸钾能保持很久，但有湿气时，则逐渐分解出氧。

过硫酸钾和过硫酸铵可以用碘量法测定其纯度。

参考文献

[1] 周建萍, 梁红波, 范红青. 高分子材料与工程专业实验[M]. 北京: 北京航空航天大学出版社, 2018.

[2] 邓字巍, 王强, 卫洪清. 高分子材料实验与技术[M]. 北京: 化学工业出版社, 2021.

[3] 刘方. 高分子材料与工程专业实验教程[M]. 上海: 华东理工大学出版社, 2012.

[4] 沈新元. 高分子材料与工程专业实验教程[M]. 北京: 中国纺织出版社, 2016.

[5] 涂克华. 高分子专业实验教程[M]. 杭州: 浙江大学出版社, 2011.

[6] 潘祖仁. 高分子化学[M]. 4 版. 北京: 化学工业出版社, 2008.

[7] 何曼君. 高分子物理[M]. 上海: 复旦大学出版社, 2007.

[8] 张玥. 高分子化学实验[M]. 北京: 化学工业出版社, 2010.

[9] 梁晖. 高分子化学实验[M]. 北京: 化学工业出版社, 2014.

[10] 张洪涛, 黄锦霞. 乳液聚合新技术及应用[M]. 北京: 化学工业出版社, 2007.

[11] 闫红强, 程捷, 金玉顺. 高分子物理实验[M]. 北京: 化学工业出版社, 2018.

[12] 杨海洋, 朱平平, 何平笙. 高分子物理实验[M]. 合肥: 中国科学技术大学出版社, 2010.

[13] 王国成, 肖汉文. 高分子物理实验[M]. 北京: 化学工业出版社, 2017.

[14] 钱人元, 于燕生. 高聚物从高弹态到流体态的转变[J]. 化学通报, 2008, 3: 164-171.

[15] 李谷, 符若文. 高分子实验技术[M]. 2 版. 北京: 化学工业出版社, 2015.

[16] 张美珍. 聚合物研究方法[M]. 北京: 中国轻工业出版社, 2010.

[17] 董炎明. 高分子分析手册[M]. 北京: 中国石化出版社, 2004.

[18] 曾幸荣. 高分子近代测试分析技术[M]. 广州: 华南理工大学出版社, 2009.

[19] 董炎明. 高分子研究方法[M]. 北京: 中国石化出版社有限公司, 2011.

[20] 汪昆华. 聚合物近代仪器分析[M]. 北京: 清华大学出版社, 2000.

[21] 吴智华. 高分子材料加工工程实验教程[M]. 北京: 化学工业出版社, 2014.

[22] 唐颂超. 高分子材料成型加工[M]. 3 版. 北京: 中国轻工业出版社, 2017.

[23] 杨鸣波, 黄锐. 塑料成型工艺学[M]. 3 版. 北京: 中国轻工业出版社, 2016.

[24] 张玉龙, 张永侠. 塑料模压成型工艺与实例[M]. 北京: 化学工业出版社, 2008.

[25] 肖汉文, 王国成, 刘少波. 高分子材料与工程实验教程[M]. 北京: 化学工业出版社, 2008.

[26] 刘长维. 高分子材料与工程实验[M]. 北京: 化学工业出版社, 2004.

[27] 张二兵, 朱志强, 涂伊静. PVA-ECH 接枝改性脱脂豆粉制备高性能木材胶粘剂[J]. 中国胶粘剂, 2021, 30(3): 30-35.